유대인 아빠 한국인 엄마의

영재독서법

유대인 아빠 한국인 엄마의 영재독서법

초 판 1쇄 2020년 02월 25일

지은이 신디샘, 저스틴
펴낸이 류종렬

펴낸곳 미다스북스
총괄실장 명상완
책임편집 이다경
책임진행 박새연 김가영 신은서
본문교정 최은혜 강윤희 정은희 정필례

등록 2001년 3월 21일 제2001-000040호
주소 서울시 마포구 양화로 133 서교타워 711호
전화 02) 322-7802~3
팩스 02) 6007-1845
블로그 http://blog.naver.com/midasbooks
전자주소 midasbooks@hanmail.net
페이스북 https://www.facebook.com/midasbooks425

ⓒ 신디샘, 저스틴 미다스북스 2020, *Printed in Korea*.

ISBN 978-89-6637-765-7 03590

값 17,500원

미다스북스는 다음세대에게 필요한 지혜와 교양을 생각합니다.

유대인 아빠 한국인 엄마의
영재독서법

신디샘, 저스틴 지음

Justin Osher & Cindy Osher

미다스북스

프롤로그

유대인 남편을 만난 것은
내 인생의 축복이다

책을 좋아한다는 교감으로 만나고, 한 가정을 이루다

나는 한국에서 태어나 평범하게 자란 사람이다. 특별히 유학을 다녀오거나 유대인과 관련된 어떠한 일도 한 적이 없다. 그런데 운명처럼 내 인생의 축복이 갑자기 찾아왔다. 어머니가 유대인이고, 유대인 대가족을 둔 곱슬머리의 미소년 같은 남편을 만난 것이다. 그 후로 상상도 못한 일이 영화처럼 펼쳐졌다. 한국인 사고가 뿌리 박힌 내가 그들의 가정 깊숙이 함께 살게 된 것이다. 나는 지금에서야 이런 생각이 든다. 어쩌면 이모든 일은 내가 내면 속에서 꿈꿔왔던 일이 아닐까? 나는 지혜로운 사람과 행복한 가정을 이룰 수 있기를 소망했다. 책을 좋아했던 내가 한국 땅에서 책을 읽으며 말이다.

남편과 나는 매우 다르며 어떤 면에서는 같다. 태어난 나라는 다르지만 살고 있는 나라가 같다. 제공받은 공교육 시스템이 다르고, 교육받은 환경이 다르고, 어머니를 통해 가정 교육을 받은 것이 같다. 남편은 다양한 음식을 좋아하고 나는 한국 음식만 좋아한다. 또한 남편은 하루 종일 말하는 것을 좋아하고 나는 필요한 말만 하는 것을 좋아한다. 이렇게 다름과 같음이 선명한 우리지만 특히 눈에 띄게 같은 것이 있다. 어려서부터 둘 다 다양한 책을 읽어오고 상상하는 것을 좋아하고 부지런하다는 것이다. 그래서 우리는 그 끌림의 힘으로 결혼을 하고 가정을 이루었다.

이 책은 남편과 내가 운명처럼 만나 연애를 하면서부터 내가 알게 된 유대인에 관한 이야기이다. 그리고 결혼을 하고 아이를 낳아 기르며 더 알게 된 유대인의 지혜를 담았다. 나는 결혼을 하기 전부터 유대인 가족에 깊숙이 밴 생각과 행동을 배웠다. 그들의 생각과 행동은 매우 특별했다. 하지만 그것들은 나에게 낯설지 않게 느껴졌다. 한국인인 내가 쉽게 이해할 수 있도록 매번 자세히 설명해주었기 때문이다. 설명하고 생각하고 토론하는 생활은 그들의 삶 자체이다. 그러한 삶의 태도들이 세계적으로 유명한 유대인들을 많이 만들어낸 것이라 생각한다. 그래서 요즘 한국의 교육 현장에서 중요하게 생각하는 과정 중심의 수업들이 매우 반갑다.

유대인인 남편은 한국을 매우 좋아한다. 중요하다고 생각하는 일들의 진행 속도가 매우 빠른 한국에 놀라워한다. 남편이 한국을 처음 방문했을 때와 13년이 지난 한국의 현재 모습은 매우 다르다. 변화에 민감하고 매우 급속하게 적응하는 한국은 그에게 매우 인상적이었다.

예를 들어 그는 처음 한국을 방문했을 때 식당에서 흡연을 할 수 있음에 놀라워했다. 그런데 지금은 이런 모습이 완전하게 자취를 감추었다. 거기에 버스정류장이나 강남 대로변에는 흡연 불가능 구역이 보기 좋게 나뉘어 있다. 이러한 한국의 발전 가능성을 매우 높게 생각하며 좋아한다. 나는 유대인 문화를 좋아하고 남편은 한국의 문화를 좋아한다. 우리는 그래서 천생연분이다.

유대인 남편과 한국인 부인의 최고 작품, 아들 쉐인

우리 부부가 항상 감사하는 일이 있다. 우리의 좋은 점만 가지고 태어난 아이, 쉐인이다. 외모, 습관, 생활 태도, 사고방식 등 모든 면에서 우리의 좋은 점들만 가지고 있다. 나는 유대인 미국 남편에게 결혼 전부터 이러한 아이를 소망한다고 말로 표현했다. "아들이 아닌 딸이 태어나도 잘해줄 거지?"라며 농담하는 그에게 단호하게 말했다. "원하는 것만 생각해. 그래야 이룰 수 있어."라고 말한 후 우리는 아주 정확하게 내가 원한 아들을 갖게 되었다.

완전한 유대인은 어머니의 혈통이 유대인이어야 한다. 남편 저스틴은 어머니가 유대인인 정통 유대인이다. 나의 아들은 어려서부터 유대인에 관한 태도와 생각들을 친할머니에게 직접 배워왔다. 유대인의 크리스마스라고 할 수 있는 하나카라든지 히브리어 등을 매우 잘 따라 한다. 아이가 커가면서 내가 놀라는 것은 아이가 갖고 있는 유대인 생각들이다. 경제관념, 시간관념, 교우 관계, 생활 습관 등이 커가면서 더욱 뚜렷하게 나타나 매우 놀랍다.

유대인은 대부분 3가지 언어 이상을 구사한다. 히브리어, 영어, 스페인어 등이다. 나의 아들 쉐인은 현재 2개 국어를 유창하게 구사한다. 영어와 한국어를 또래 아이들보다 매우 높은 수준으로 구사한다. 머지않아 스페인어, 중국어, 히브리어까지 구사할 것 같다.

나의 아들 쉐인이 가장 많이 사용하는 말이 있다.

"감사합니다."

"사랑해요!"

"도와줄게요."

이런 말들이다. 10살 아들의 이러한 모습에 엄마인 나도 많이 배운다. 13년 동안 아이들을 가르치는 학원을 하고 있다. 많은 부모님께서 쉐인이 3개 국어를 하고 생활 습관이 바로 잡힌 부분에 대해 궁금해하셨다. 유대인 미국 남편과 함께 산 한국에서의 13년 생활, 내가 배우고 느낀 것을 이 책에 담았다. 아이를 키우면서 무엇이 최선인지 몰라 힘들어하는 초보 부모님께 이 책을 권한다. 또한 많은 학부모님과 선생님들께 행복하고 지혜로운 아이로 성장시킬 수 있는 기준점을 제시해줄 수 있을 것이다. 지혜로운 아이로 성장하길 바라는 부모의 마음은 모두 같다. 부모의 노력만큼 아이들이 빛날 수 있도록 사교육 13년 현장의 선생님의 생각도 함께 담았다.

이 책의 영감을 준 나의 사랑하는 남편 저스틴과 쉐인에게 깊이 감사한다.

2020년 02월에

Since I welcomed Cindy into our family I have felt blessed. Through this project we have grown closer and I have come to realize all she has to share with the world. It's been so exciting watching my daughter-in-law learn about Jewish culture and education. I have learned

so much about life from learning about Korean culture. I know that Korea can benefit so much from learning about Jewish culture. I wish Cindy and Korea so much success.

내가 신디를 우리 가족으로 맞이하고 나서부터 나는 축복받은 기분이었다. 이 프로젝트를 통해 우리는 더욱 가까워졌다. 나는 그녀가 세상과 공유해야 할 모든 것을 깨닫게 되었다. 며느리가 유대인의 문화와 교육에 대해 적극적으로 배우는 것을 보는 것은 정말 흥미진진했다. 나는 한국 문화에 대해 배우면서 인생에 대해 많은 것을 배웠다. 나는 한국이 유대문화에 대해 배우면 많은 혜택을 받을 수 있다는 것을 알고 있다. 나는 신디와 한국이 그렇게 성공하기를 바란다. - Ellyn Osher

I didn't know it was possible for someone who didn't grow up Jewish to become so familiar with Jewish culture. It has been a great joy to watch Cindy assimilate into the Jewish community. I know the things that she has learned from our family and our community  will be invaluable to Korea. I implore you to learn and grow from Cindy's experience. It is the Jewish way!

나는 유대인으로 자라지 않은 사람이 유대인 문화에 그렇게 친숙해지는 것이 가능한지 몰랐다. 신디가 유대인 사회에 동화되는 것을 보는 것은 큰 기쁨이었다. 나는 그녀가 우리 가족과 우리 공동체로부터 배운 것들이 한국에 매우 소중할 것이라는 것을 알고 있다. 나는 신디의 경험을 통해 배우고 성장하기를 당신에게 간청한다. 다른 사람의 성공의 경험을 통해 성장하는 것, 바로 유대인의 방식이다! – Michael Osher

목 차

유대인과 하브루타, 그리고 부모

3 장 하브루타 – 하브루타를 가족 문화로 만들어라

4 장 대화 – 질문하는 아이로 키우기 위한 5원칙

INTRO

유대인과
하브루타,
그리고 부모

[아빠와 토론하는 아들 저스틴]

유대인은 행복한 삶을 가장 중요하게 생각한다. 이 행복한 삶은 부모로부터 언어 능력을 배움으로써 시작된다. 유대인 부모는 토론식 대화를 아이와 자주 나눈다. 토론식 대화는 부모와 아이의 존중하는 마음을 바탕으로 한다. 유대인 부모는 행복한 삶을 위해 언어 능력과 더불어 다양한 경험과 친구를 만들어주는 노력을 게을리하지 않는다. 자기의 생각을 제대로 표현할 수 있는 것이 언어 능력이다. 이 언어 능력을 키우면 자신의 삶을 행복하게 이끌어갈 수 있다.

[하나카캔들에 촛불을 밝히는 쉐인과 친할머니]

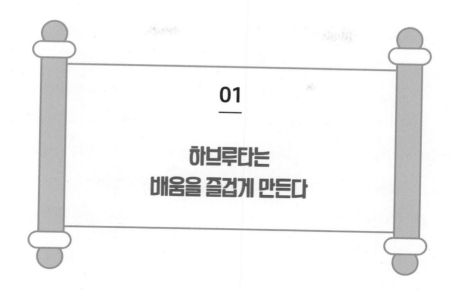

01

하브루타는
배움을 즐겁게 만든다

유대인은 어려운 사람들을 돕는 것을 의무라고 생각한다. 부유한 사람들은 반드시 어려움에 처한 사람들을 도와야 한다. 자신이 부유하게 살려면 배움은 필수라고 생각한다. 배움은 부지런해야 한다. 부지런한 생활 태도는 배움을 적극적으로 하게 한다. 또한 이런 적극적인 태도는 대화에서도 나타난다. 저스틴은 의문이 생기면 이를 적극적으로 알고자 한다. 스스로 찾기도 하고 타인과의 대화에서 얻기도 한다. 지혜를 얻고자 나누는 이러한 적극적인 대화가 하브루타이다. 이런 대화를 하려면 언어 능력은 필수이다. 이 언어 능력은 묻고 질문하는 능력이다. 적극적인 질문과 대화로 배움을 즐겁게 생각하는 것이 유대인들의 공통적인 자세이다.

유대인의 배움과 지혜는 하브루타가 만들었다

우리는 결혼한 지 15년이 넘었다. 그동안 나는 유대인의 교육 방식과 문화, 철학을 알게 되었다. 나의 남편 저스틴은 미국에서 태어났다. 하지만 어머니가 유대인인 정통 유대인이다. 나는 유대인이 원래부터 지혜로운 사람들인 줄 알았다. 그러나 유대인 남편과 살면서 깨달았다. 유대인의 지혜는 타고난 것이 아니라 태도와 삶의 방식을 만드는 하브루타 교육 덕분이었다.

유대인은 배움을 매우 중요하게 생각한다. 그래서인지 저스틴은 살아가는 데 있어서 꼭 필요한 것이 배움과 경제적 부유라고 말했다. 하나님은 우리가 세상에서 가난하게 살기를 원하지 않는다고 말해주었다. 또한 어느 나라에 가든 자리를 쉽게 잡을 수 있는 방법은 언어 능력이라고 했다.

나의 아들 쉐인은 할머니, 할아버지 덕에 유대인에 대한 이해가 깊다. 유대인의 생활과 종교, 음악, 경제관념까지 몸과 마음으로 받아들이며 자랐다. 그래서인지 쉐인은 모든 분야에 깊은 관심을 보인다. 특히, 언어 능력에 관심이 있다. 새로운 어휘를 익히는 것, 또 그것을 활용해서 새로운 어휘를 익히는 것, 또 그것을 활용해서 말해보는 것에 관심을 보이며 재미있어 한다. 이번 겨울방학부터는 히브리어를 시작하였다. 히브리어 발음을 놀이처럼 따라 하는 모습이 매우 즐거워 보인다. 쉐인은 또 다른 언어인 히브리어를 한국어, 영어처럼 즐겁게 습득할 것이라 기대된다.

하브루타는 삶 자체에 녹아 있다

최근 한국에서는 유대인의 교육, 하브루타에 대한 관심이 높다. 우수한 인재들을 배출한 유대인의 교육을 적용해 아이를 키우고 싶은 마음일 것이다. 유대인 교육 열풍에 대한 소식을 접할 때면 저스틴은 매우 신기해한다. 유대인인 자신도 자세히 설명하기 힘든 유대인 방식의 교육이 한국에서 인기가 있다는 것이 의아한 모양이다.

하브루타는 친구를 의미하는 히브리어인 '하베르'에서 유래되었다. 짝을 이뤄서 서로 질문을 주고받으며 논쟁하는 유대인의 전통적인 토론 교육 방법이다. 이 하브루타식 대화로 일상의 모든 일들을 생각하여 해결하는 것이 저스틴의 생활이다.

나는 이러한 논쟁 형식의 대화를 해본 적이 없다. 학교에 다닐 때는 선생님의 설명을 조용히 듣기만 했다. 그러나 저스틴과 대화를 나눌 때는 조용히 듣고 있을 수가 없었다. 왜냐하면 나의 생각을 계속 질문하기 때문이다. 처음에는 싸우자는 것인가 하고 오해했다. 나중에 알고 보니 다른 생각을 나누기 위한 하브루타식의 대화였다. 오랜 시간을 함께 살다 보니 하브루타 대화에 많이 익숙해져서 이제는 나와 타인의 생각이 다름을 인정하게 되었으며 경청하는 태도도 지니게 되었다.

저스틴은 하브루타가 몸에 밴 아들과도 이야기하는 것을 좋아한다. 이제 10살 된 아들이 아버지와 진지하게 토론하는 모습을 보면 엄마로서 매우 흐뭇하다. 저스틴은 쉐인이 잘못을 한 경우 바로 혼내지 않는다. 항상 상황을 먼저 쉐인이 이야기를 하게 한다. 그리고 그 이야기를 바탕으로 질문을 계속 던진다. 질문에 답을 하는 동안 쉐인 스스로 잘못을 이해하게 된다. 그리고 앞으로의 생각도 질문을 하며 말하게 한다. 옆에서 이런 이야기의 흐름을 듣다 보면 감탄이 저절로 나온다. 이러한 태도는 습관이 되고 그 습관을 통해 아들은 성숙한 어른으로 멋지게 성장할 것이다. 이와 같은 하브루타 대화는 저스틴의 생활 속에서 녹아 있다.

하브루타식 질문을 습관으로 만들자

처음에는 아이와 하브루타를 하면 어려워할 것이다. 아이에게 하브루타를 익숙하게 만들기 위한 좋은 방법이 있다. 일단 아이에게 질문을 많이 던져주는 것이다. 또한 아이가 망설임 없이 질문하는 태도를 가질 수 있게 도와줘야 한다. 어릴 적에 질문하는 습관이 몸에 배면 어른이 되어서도 하브루타를 삶에 적용할 수 있다.

이 방법대로 키운 쉐인은 질문을 잘 하는 아이다. 가정에서 질문을 많이 해봐서 학교에서도 질문을 주저하지 않는다. 학교에서 질문이 없을 경우 선생님은 아이들이 제대로 이해했는지 알기가 힘들다. 다음은 쉐인의 학교 선생님께서 상담할 때마다 매년 말씀해주시는 부분이다.

"쉐인은 배움을 정말로 즐거워하는 아이입니다. 교사로서 이러한 태도가 너무나 흐뭇합니다. 모르는 것은 질문하고 또한 이해가 가지 않으면 끝까지 배우려고 합니다."

선생님께 이러한 이야기를 듣는 것은 행복이다.

배움을 즐거워하는 아이로 키우고 싶다면 이 책의 사례들을 적극 활용해보기를 권한다. 어렵지 않은 아주 쉬운 방법들이다. 이 방법들이 습관으로 잡힐 수 있도록 이끌어주기만 하면 된다.

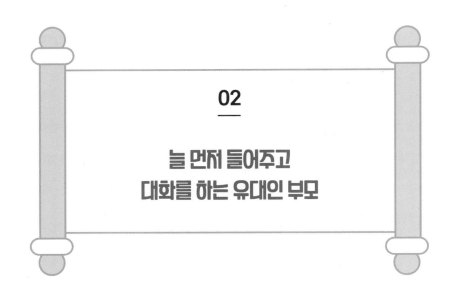

02

늘 먼저 들어주고
대화를 하는 유대인 부모

나는 일방적인 훈계가 아닌 대화를 하는 부모의 모습을 저스틴의 부모님으로부터 배웠다. 또한 유대인 부모님의 교육을 받고 자란 저스틴의 모습을 보고 배웠다.

유대인 부모님의 교육은 항상 대화가 우선이다. 한국에서 일방적인 훈계를 듣고 자란 나에게는 이토록 다른 모습이 처음에는 문화적 충격으로 다가왔다. 유대인 부모의 대화는 아이를 존중하는 마음이 우선이다. 존중받고 있음을 아는 아이는 열린 마음으로 대화를 한다.

토론식 대화는 아이를 이해하는 수단이다

서로를 이해하는 대화는 상처와 오해가 없다. 많은 사람들이 서로를 이해하지 못하는 대화로 상처를 쉽게 받는다. 특히 부모가 아이에게 주는 상처는 매우 깊게 남는다. 아이를 이해하는 엄마는 아이의 입장에서 생각하고 아이의 이야기를 열린 자세로 들어준다. 일방적으로 지시하는 엄마는 아이를 성장시키지 못한다.

쉐인은 키즈 모델과 연기 수업을 일주일에 한 번 강남까지 가서 듣고 있다. 학교 생활과 연기 수업, 그리고 학원 수업까지 병행하려면 체력이 매우 중요하다.

어느 날 강남에서 연기 수업을 마치고 김포에 일찍 돌아오지 않은 적이 있었다. 다음 날 수영이 있는 관계로 나는 더욱 걱정스러웠다. 그래서 전화를 걸어 일단 화를 내었다.

"오늘 일정이 힘들었고 내일도 수영을 해야 하는데 이렇게 늦으면 어떡하니?"

나의 입장부터 전달했다. 쉐인은 전화로 들려온 엄마의 화난 목소리가 매우 서운한 듯 했다. 그리고 아빠를 바꿔 달라고 했다.

유대인 부모에게 토론식 대화를 배운 미국 아빠 저스틴은 항상 아이와의 대화에서 먼저 상황을 묻는다.

"무슨 일이니?"

상황을 묻기 전 결과에 화를 내는 한국 엄마인 나와 대화의 시작이 다른 것이다. 우선 아이가 왜 그랬는지를 물어 이해하는 부모의 모습이다. 우선 이해를 받은 아이는 그다음 부모의 생각을 진중히 듣는다. 그리고 해결안을 전한다.

"그래도 내일 수영 수업이 있으니 지금 김포로 들어왔으면 좋겠다."

아이의 입장을 이해한 부모의 해결안을 아이도 이해한다. 부모와 자식 간에 화낼 일이 없어진 것이다. 화부터 내고 지시하는 한국인 엄마 나는 또 한 수 배운다.

[새로운 경험을 즐거워해서 하게 된 쉐인의 모델활동]

혼자서 생각할 시간을 주라

항상 이렇게 원만한 부모와 자식 간의 대화만 오고 가는 것은 아니다. 가끔은 아이가 부모의 생각을 받아들이지 않고 계속 다른 방향을 원할 때가 있다. 내 아들은 고집이 매우 세다. 남편 또한 고집이 매우 세다. 고집이 센 두 남자는 의견이 맞지 않을 때 매우 힘들어한다. 나는 남편의 고집을 매우 좋아한다. 지혜로운 판단으로 결정 내린 것에 대해서는 우유부단함이 없기 때문이다. 성인이 된 남편의 고집은 그래서 멋지다.

남편은 아들이 고집을 부릴 때 또한 첫 단계는 이해를 해주는 것이다. 그리고 여러 이유를 함께 말하며 아들을 차분하게 설득시킨다. 이때에 바로 설득이 안 된다면 아이에게 혼자서 생각할 시간을 준다. 설득하고 바로 따르라고 한 적이 없다. 이때에 아이는 아빠가 자신을 이해하고 존중한다는 생각을 갖는다.

이러한 아빠의 태도가 아이를 변화시킨다. 혼자만의 시간을 충분히 가진 아이는 그제서야 아빠의 의견을 따르겠다는 자기 결정을 한다.

아이의 생각을 존중해주는 유대인 부모는 아이의 의견을 무조건 들어주지는 않는다. 부모의 의견도 매우 설득력 있게 아이에게 전달하려 노력한다. 일방적인 훈계가 아니라 서로의 의견을 토론하는 모습은 내게 큰 가르침을 주었다.

유대인 부모의 대화는 매보다 강하다

나는 저스틴을 매우 존경한다. 저스틴이 보이는 매사의 신중함은 그를 더욱 존경하게 만든다. 그 신중함이 더욱 빛을 발할 때가 있는데 바로 아이를 가르칠 때이다. 쉐인은 옳다고 생각하는 것은 결코 포기하지 않는다. 이러한 때에 엄마인 나는 화가 난다. 하지만 화를 내지 않고 아들을 대하는 방법이 있다. 바로 대화이다. 유대인 남편에게서 배운 대화로 아이를 이해하고 나를 이해시킨다.

여자인 엄마들은 아들의 마음을 이해하기가 매우 힘들다. 그래서 무작정 혼내기 쉽다. 이해가 안 된 상태에서 혼내다 보면 아이에게는 상처가 된다. 상처는 때에 따라 치유되지 않고 깊이 남는다. 그래서 우리는 말을 내뱉을 때 항상 신중해야 한다. 소중한 아이인 만큼 상처 주지 않도록 대화의 태도를 몸에 배게 해보자.

아이와 남편의 대화는 서로 경청하는 시간을 우선으로 한다. 아이의 행동을 우선 이해해주고 아빠의 생각을 말해준다.

저스틴은 아이가 잘못을 했을 때 대화를 마친 후 꼭 하는 행동이 있다.

"쉐인! 아이 러브 유!"

그러면 쉐인도 저스틴을 안으며 말한다.

"대디! 아이 러브 유, 투!"

네가 한 행동이 잘못된 것일 뿐 너는 아빠가 사랑하는 아들임은 항상 변함이 없다고 말해준다. 따스한 사랑이 묻어난다.

아이가 잘못을 했을 때 이를 지나치는 것은 무관심이다. 무관심은 아이의 마음을 아프게 한다. 잘못을 스스로 이해시킬 수 있는 대화를 해보자. 아이는 이러한 부모와의 대화로 바르게 성장할 수 있다.

아이가 잘못한 경우 벌하는 것은 정말로 도움이 되지 않는다. 아이에게 상처만 될 뿐 잘못을 통해 무언가 배울 수는 없다. 벌이 무서워서 행동을 변화시키는 것은 잠시일 뿐이다. 사랑과 관심의 대화는 매보다 강하다.

■ 저스틴의 생각 1 :
유대인 부모에게 내가 직접 배운 교훈 ①

유대교는 가르쳐야 할 것이 너무 많아요. 우리는 유대교에서 배울 수 있는 교훈을 끝없이 글로 쓸 수 있습니다. 하지만 유대교는 단지 책과 전통이 아닙니다. 유대교는 대대로 내려오는 생활 방식을 가진 사람들의 모임입니다. 부모님께 배운 교훈에 대해 말하고 싶습니다. 이것은 유대 교육을 받은 나의 어머니가 가르쳐준 것입니다.

1. 내가 태어나기 전부터 어머니는 나에게 책과 독서의 중요성을 이해시켜주셨습니다. 그녀는 내가 그녀의 배 속에 있을 때부터 나에게 책을 읽어주었습니다. 그녀는 내가 태어나서 책을 직접 읽을 수 있을 때까지 나에게 책을 읽어주었습니다. 제가 어렸을 때는 아무도 오디오북을 듣지 않았지만 엄마는 어떻게든 그것들을 구할 방법을 찾았어요. 그녀는 책에 완전히 둘러싸여 있는 것의 중요성을 알고 있었습니다. 그녀는 제가 항상 읽고 싶어 하지 않는다는 것을 알고 있었어요. 그녀는 오디오북을 통해 나를 책에 더욱 관심을 갖게 하였습니다.

저는 이렇게 끊임없는 독서를 통해 인상적인 어휘력을 기를 수 있었습니다. 그녀의 해결책은 제가 많은 것을 배울 수 있게 해주었습니다. 가장 중요한 것은 독서를 좋아하게 되었다는 것입니다. 이 독서에 대한 사랑은 지식의 감상으로 성장했습니다. 그녀가 준 독서에 대한 사랑은 내 평생 계속되는 선물이었어요. 저는 여전히 독서를 좋아하고, 책을 들고 앉을 때마다 어머니에게 감사해요.

2. 아이들을 따라가세요. 제가 자라자마자 어머니는 숙달 이상의 경험을 강조하셨어요. 그녀는 당신이 상상할 수 있는 모든 종류의 수업에 저를 데려갔어요. 너무 많아서 여기에 모두 나열할 수는 없어요. 수영, 댄스, 놀이, 음악, 야구, 스키 레슨까지 갔습니다. 그 결과 저는 많은 기술을 가지게 되었습니다.

한국인들은 제가 얼마나 다양한 기술을 가지고 있는지 알면 종종 놀라죠. 어머니는 세상을 경험해보길 원했어요. 제가 관심 있는 것을 선택할 수 있기를 바라셨기 때문이에요. 제가 관심을 가지면, 어머니는 그것들을 할 수 있는 시간을 주는 방법을 찾았어요. 제가 스키에 관심이 있었을 때, 그녀는 주말마다 스키를 타러 가는 스키 클럽에 가입했어요. 제가 드럼에 관심이 생겼을 때. 그녀는 우리 지하실에 드럼 세트를 세웠어요. 그 그리고 밴드를 만들도록 허락했습니다. 그 밴드는 우리 지하실에서 매일 연습했어요. 틀림 없이 밴드가 그녀를 미치게 만들었겠지만 그녀는 제가 제 관심사를 따르도록 격려해주었습니다.

[저스틴이 지하실에서 드럼을 연습하는 모습]

[저스틴과 친구들의 밴드콘서트 모습]

[저스틴과 함께했던 밴드 친구들]

3. 모든 사람들이 당신의 아이들을 좋아하도록 당신의 아이들을 키우세요. 부모들에게 가장 중요한 일 중 하나는 다른 사람들이 여러분의 자녀들을 좋아하도록 하는 것입니다. 처음에는 이상하게 들릴지 모르지만 사실이에요. 우리는 아이들이 교육받기를 바랍니다. 그렇게 하기 위해 그들은 평생 그들을 도울 많은 선생님들이 필요합니다. 만약 선생님이 당신의 아이들을 돕기 원한다면, 먼저 선생님이 당신의 아이들을 좋아하길 바라야 합니다. 아이들은 좋은 성격을 기르는 과정에서 선생님으로부터 도움을 받을 것입니다.

그들의 사회생활도 마찬가지입니다. 우리는 아이들이 다양한 사회적 경험을 하기를 바랍니다. 우리는 그들이 친구를 사귀고 훌륭한 사회생활을 하기를 원합니다. 그러기 위해서 그들은 많은 아이들과 놀아야 합니다. 아이들이 그들과 함께 놀고 싶어하도록 하기 위해서, 그들은 좋은 성격을 가질 필요가 있습니다. 성격이 좋은 것은 자녀들이 좋은 사회생활을 하는 데 필요한 경험을 줄 것입니다.

어렸을 때 저는 가끔 어색했어요. 사회 기술은 제게 자연스럽게 다가오지 않았습니다. 친구를 사귀는 것이 힘들었어요. 제게 일반적인 사회적 상호작용은 대부분의 다른 아이들보다 더 어렵게 느껴졌습니다. 어머니가 고치지 않으면 문제가 될 거라는 걸 알고 있었어요. 그래서 그녀는 무엇을 했을까요? 그녀가 고쳤어요. 그녀는 제가 부족한 부분을 알아차리고 어떻게 고치는지 가르쳐주었습니다.

그녀는 나와 함께 사회적 상황을 연기하였습니다. 그녀는 역할극이 나에게 재미있다고 확신하였습니다. 그래서 나에게 나의 하루를 묻곤 했어요. 그녀는 제가 친구들과 어떻게 놀았는지에 대한 이야기를 듣고 나에게 조언을 해주곤 했어요. 그렇게 배웠습니다. 저는 사교적이 되었습니다. 어머니는 항상 제가 고쳐야 할 부분을 기분 나쁘지 않게 지적해주셨어요. 그 결과 선생님들은 모두 저를 사랑했습니다. 저는 제 어린 시절

[쉐인의 친구들과 파자마파티를 함께하는 저스틴]

[쉐인과 김포에서 사는 다문화 친구들]

내내 쉬지 않고 특별 대우를 받았어요. 친구도 많고 절대 괴롭힘을 당하지 않았어요.

이것은 제가 어린 시절을 보내는 데 도움이 되었을 뿐만 아니라, 제가 성공적인 선생님이 되고 성공적인 사업을 운영할 수 있도록 만들었습니다. 아이들에게 호감 가는 성격을 갖도록 가르치는 것은 부모가 할 수 있는 중요한 일 중 하나입니다.

4. 결과보다 노력이 더 중요합니다. 이것은 우리 어머니가 정말 강조하신 교훈입니다. 많은 부모들은 자녀들을 평가하기 위해 그들의 아이들이 학교에서 받는 점수를 사용합니다. 아이가 받는 학점은 그들의 통제에서 완전히 벗어납니다. 모든 아이가 만점을 받을 수 있는 것은 아닙니다. 하지만 아이가 통제할 수 있는 것이 있습니다. 그들은 일에 쏟는 노력의 양을 조절할 수 있습니다.

성적표가 오기 전에 엄마는 항상 제게 한 학기 동안 상을 주곤 했어요. 그녀는 제가 얼마나 많은 시간을 공부했는지에 대해 세심한 주의를 기울였습니다. 만약 제가 그 학기에 공부를 잘했다면, 그녀는 저에게 상을 줄 것입니다. 만약 제가 그러지 않았다면 그녀는 제게 보상을 해주지 않았을 거예요. 성적표가 뭐라고 했는지는 중요하지 않았습니다. 그녀는 성

[행복한 어릴 적 저스틴의 가족]

[사랑과 존중이 함께하는 어릴 적 저스틴 가족]

적표를 제가 공부하고 있는 방식을 조정하는 것을 돕기 위해 사용했습니다. 결과가 아니라 노력이 중요했습니다.

5. 당신이 믿는 것을 위해 싸워요. 제가 자랄 때 어머니는 저를 누구보다 잘 아셨고 제게 필요한 것을 알고 있었어요. 그녀가 가장 좋다고 생각하는 방식으로 저를 키워주셨어요. 때때로 사람들은 그녀의 의견에 동의하지 않았습니다. 그녀는 다른 사람들의 충고를 듣는 것의 중요성을 이해했습니다. 하지만 결국 그녀는 그 결정이 자신의 것이라는 것을 알았습니다. 심지어 우리 학교가 하고 있는 일에 동의하지 않았던 때도 있었습니다. 그녀는 자신의 입장을 고수하고 학교가 그녀의 의견을 듣도록 했습니다. 그녀는 자신이 옳다고 생각하는 것을 위해 싸웠습니다. 제가 독립적인 도덕적 가치를 가질 수 있을 만큼 나이가 들었을 때, 그녀는 제게 그것들을 가질수 있도록 격려해주었습니다. 그녀는 항상 제 도덕에 동의하지는 않았지만 제가 도덕을 위해 싸우도록 격려했습니다.

6. 전투를 선택하세요. 여러분이 믿는 것을 위해 싸우는 것은 좋습니다. 성공할 가망 없이 싸우는 것은 어리석은 짓입니다. 당신의 전투를 선택하는 것은 중요합니다. 어머니는 항상 저와 함께 싸우는 것을 선택했어요. 그녀는 동시에 나에게 모든 것을 가르치려 하지 않았어요. 가장 중요한 것, 변화를 줄 수 있다고 생각한 것을 골라서 가르쳐주었습니다. 그

녀는 또한 어떤 전투가 싸울 가치가 있고 어떤 전투가 그렇지 않은지를 이해하는 데 도움을 주었어요. 이것은 아이를 키우고 〈신디샘어학원〉을 운영하는 데 많은 도움을 주었습니다. 그것은 그녀가 나에게 가르쳐 준 최고의 교훈 중 하나입니다.

[신디와 저스틴이 운영하는 영어학원]

[제주 국제학교 St. Johnsbury에 다니고 있는
Matt와 어머니 Viviana]

[항상 행복한 모습의 Carrie, Chris, Teddy]

[6세부터 시작해 영어가 제일 재미있다는 Rob]

[토론하는 수업 중인 Colin, Andy, James]

[4살부터 쉐인과 함께한 Jack]

[7살부터 함께한 Irene]

[신디를 원장이 아닌 친구로 생각하는 Carrie와 Jessie]

[수학도 언어의 하나이다! Yuna, Hyson, Philip]

[7살에 시작해 현재 미국
Avon Old Farms에서 유학 중인 Ryan]

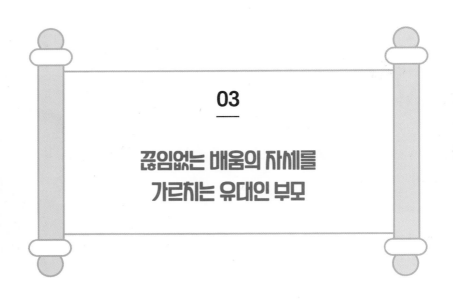

03
끊임없는 배움의 자세를 가르치는 유대인 부모

유대인 부모는 아이에게 어렸을 때부터 배움의 기회를 많이 만들어준다. 다양한 경험을 통해 아이가 관심 있는 분야를 스스로 찾을 수 있게 만들어준다.

저스틴은 어렸을 적 음악에 매우 관심을 가졌다. 음악에 관심을 가진 그에게 유대인 부모인 저스틴의 부모님은 드럼, 기타 등을 배우게 했다. 성인이 된 지금도 음악은 그에게 휴식과 힐링의 시간을 제공해준다. 관심 있는 분야는 꼭 직업과 연관될 필요는 없다. 배움은 삶에 행복을 가져다주는 고마운 도구이다.

배움과 언어 능력의 관계는 행복이다

배움의 자세는 매우 중요하다. 유대인들은 배움을 인생의 가장 중요한 자세로 생각한다. 유대인 부모는 아이를 가르치기 이전에 그들 스스로 배움을 항상 가까이한다. 따라서 아이들도 배움을 친숙하게 받아들인다. 시험을 위한 배움이 아닌 것이다. 삶에 녹아 있는 배움의 자세는 언어 능력을 함께 높인다. 배움과 언어 능력의 관계는 매우 밀접하다. 이 관계를 아는 것이 행복이라고 유대인 부모는 생각한다.

쉐인과 저스틴은 감정에 대한 표현력이 풍부하다.

"지금 나는 기분이 가라앉아 있어. 나는 휴식이 필요해!"

이렇게 표현을 한다. 또한 나를 포함한 상대의 감정을 이해하는 면도 매우 자상하다. 내가 조금이라도 지쳐 보이면 외면하는 때가 없다.

" Are you okay?"

이렇게 도와주려고 노력을 한다. 자신의 감정이 중요하듯 타인의 감정도 매우 중요하게 생각한다. 이러한 언어 능력을 통해 많은 사람들을 행복하게 하고 본인도 행복하기에 매우 충실하다. 나는 유대인 저스틴을 통해 행복도 노력에 의해 더욱 풍부해질 수 있음을 알았다.

일상의 행복은 언어 능력에서 시작한다

나는 이러한 일상의 행복을 유대인 가정에서 많이 보았다. 나의 시댁은 유대인 대가족으로 구성되어 있다. 유대인 가족은 특히 가족간의 사랑이 깊다. 아침에 일어나면 밤새 불편함은 없었는지 전화나 방문으로 자식들이 부모를 챙긴다. 또한 부모는 아무리 바쁜 생활 중이라도 얼굴을 마주하고 요즘 어떤 생활을 하는지 자식의 근황을 자세히 묻는다. 이러한 소통이 자주 이루어지니 가정이 행복할 수밖에 없다.

유대인 가정에서는 아이일 때부터 존중을 받는다. 꼬마라고 전혀 무시하는 일이 없다. 가정의 모든 일은 부모가 큰 틀을 정하고 꼬마인 아이의 의견까지 꼭 물어보고 듣는다. 어릴 적부터 본인의 생각을 존중받아 온 아이는 다른 사람을 존중하며 자란다. 존중받는 아이는 행복하다.

"네가 어린데 뭘 알아?"
"엄마가 너에게 안 좋은 거 시키겠니?"
이렇게 말하며 무조건 따라오기를 요구하지 말았으면 한다.

부모의 일방적인 훈계와 지시가 아닌 대화로 아이와 조율하는 것이 유대인 가정의 모습이다. 그래서 나는 아이와 마찰이 생기면 남편에게 도움을 요청한다. 남편이 아이에게 보이는 태도는 어렸을 때 그가 가정에서 그대로 배운 것이다. 남편은 결혼한 지금도 모든 일을 미국에 있는 부모님과 상의한다. 결혼 초기에는 마마보이가 아닌가 하고 의심이 들었다. 뭐 그런 사소한 것까지 얘기하는지 서운할 때도 있었다. 그런데 시간이 지나니 그런 모습이 보기 좋았다. 부모님과 자주 상의하고 의견을 묻는 일은 내가 지금 아이에게 바라는 모습이기 때문이다.

나는 좋은 부모가 되고 싶다. 아이가 커서도 나를 부모로서 존중하여 자주 의견을 물어주면 좋을 것 같다. 나는 그렇게 될 거라고 확신한다. 쉐인은 부모에게 자주 전화하고 상의하는 아빠의 모습을 줄곧 바라보며 배우기 때문이다. 아이를 존중하면 부모는 반드시 존경을 받는다. 아이를 존중하고 부모는 존경을 받는 가정은 행복하다. 유대인은 행복한 삶이 언어 능력에서 시작한다고 생각한다.

언어 능력과 경제개념의 관계

유대인들은 행복한 삶을 사는 것을 매우 중요하게 생각한다. 저스틴은 행복한 삶을 살기 위해서는 어려움에 대비하는 자세가 필요하다고 말한다. 모든 것을 긍정적으로 보는 나의 태도를 무작정 좋게 보지 않았다. 나를 아는 주변 사람들은 말해준다.

"신디는 항상 긍정적이라 보기가 좋아요!"

"긍정적으로 생각하니 항상 좋은 일들이 생기나 봅니다!"

나는 이러한 긍정적 태도를 긍정적으로 보았다. 하지만 저스틴은 이와 반대이다.

"신디! 너가 생각하는 긍정적인 생각을 근거 있게 말해줘봐!"

이렇게 요구한다. 이러면 처음에는 설명하기 매우 막연했다. 특히나 학원 사업을 확대할 때 의견이 상충되었다. "현재 학원이 잘되고 있으니 확대해도 무작정 잘될거야!"라는 나의 생각이 저스틴은 도무지 이해가 되지 않았다. 잘될 것이라는 나의 생각은 근거를 들어서 언어로 설명을 해야 했다.

이러한 유대인들의 경제개념은 정확히 표현하는 언어 능력으로 확고해졌다는 생각이 든다. 또한 경제를 단순히 돈의 개념이 아닌 철학적 사고로 접근하는 방법도 유대인들의 방식이다. 세상을 바라볼 때 근시안적이 아니고 매우 넓은 사고로 바라본다. 저스틴을 통해 배운 넓은 사고는 나의 경제적 사고를 많이 변화시켰다.

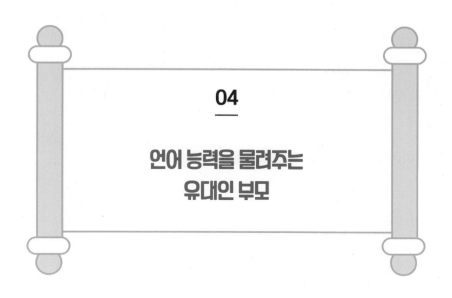

04

언어 능력을 물려주는
유대인 부모

언어 능력은 의사소통 능력이라고 유대인 부모는 생각한다. 뛰어난 언변을 말하는 것이 아닌 상대방을 존중하는 마음이다. 아이의 마음을 이해하려는 유대인 부모는 의사소통을 중요하게 생각한다. 이렇게 하려면 언어 능력이 필요한데 언어 능력은 독서에서 출발한다고 생각한다.

쉐인은 나와 남편이 책 읽는 모습을 어렸을 때부터 많이 보아왔다. 부모인 우리뿐만 아니라 조부모님의 모습도 마찬가지다. 따라서 쉐인은 태어나면서부터 지금까지 집안 곳곳에 책을 두고 시간이 나는 대로 읽는다. 할아버지, 할머니가 틈나는 대로 쉐인을 안고 책을 읽어주시던 습관이 이어져온 것이다. 유대인 가족들은 저녁 식사를 마치고 거실에서 책을 한 권씩 읽는 것은 일상이다. TV 때문에 대화 시간을 놓치지 않는다. 유대인 부모는 TV를 끄고 아이의 눈을 바라보며 책을 읽은 후 대화를 한다. 부모와 아이는 대화를 통해 서로를 이해하고 더욱 가까워진다.

아이의 언어 능력은 부모에게 달렸다

학원을 하면서 많은 부모님과 아이들을 만나왔다. 그동안 내가 느낀 점은 아이를 보면 부모님을 알 수 있고 부모님을 보면 아이를 알 수 있다는 것이다. 보통, 아이는 부모의 언어 사용을 보며 언어 능력을 사용한다. 따라서 부모도 언어 능력을 키워야 한다. 언어 능력이 있는 부모가 되기 위한 가장 좋은 방법은 책을 읽는 것이다. 아이에게만 독서를 권유하는 부모가 아닌 '가족 독서 문화'를 유대인 부모처럼 적극적으로 만들어야 한다.

언어 능력은 글을 읽고 그 의미를 알 수 있는 문해력도 포함이 된다. 대한민국의 성인 문해력은 OECD 국가 중에 하위에 속한다. 사실 아이의 독서법을 우려하는 부모님의 문해력도 점검해보아야 한다는 의미다. 아이의 언어 능력은 부모에게 달렸다. 부모와 아이가 독서와 대화를 통해 언어 능력을 키워야 한다. 우리나라 아이들의 학습의 강도는 점점 강해지고 있다. 하지만 학업 성취도는 가파르게 떨어지고 있는 이유는 뭘까?

바로 언어 능력의 부족이 가장 큰 이유일 것이다.

공부하지 않고 TV만 보는 아이에게 이렇게 말한다.

"TV 보지 마라."

이 말의 의미는 무조건 보지 말라는 뜻이 아니다. 공부를 하고 나서 TV를 보라는 의미이다. 공부를 좀 했으면 좋겠다는 말이다. 그러나 말을 저렇게 하고 만다. 아이는 이런 상황에서 이렇게 반박을 한다.

"공부하다가 잠시 쉬고 있는 중이에요!"

그러면 부모는 이렇게 말하게 된다.

"엄마가 볼 때는 항상 TV만 보는 걸로 보여!"

말과 글의 이면적 사고를 무시한 상황 때문에 마찰이 생기는 것이다. 따라서 부모 역시 언어 능력이 있어야 아이와의 마찰을 줄일 수 있다.

독서하는 부모의 언어 능력이 아이에게 끼치는 영향은 매우 크다.

첫째, 의사소통으로 아이의 생각을 자신 있게 표현하도록 도와줄 수 있다. 부모에게 언어 능력이 있으면 아이의 의사소통 능력을 매우 자연스럽게 이끌 수 있다. 부모가 훌륭한 질문법을 가지게 되기 때문이다. 훌륭한 부모의 질문법은 아이에게 훌륭한 대답을 유도할 수 있다.

두 번째, 독서하는 부모의 아이는 효과적인 대화하는 법을 배울 수 있다. 부모와 독서 후 대화를 하면서 논리적 사고 능력을 갖출 수 있기 때문이다. 나는 쉐인이 한 해 한 해 성장함에 따라 더욱 깊이 있는 대화가 됨을 발견할 수 있었다. 이는 부모와 아이가 독서를 통해 언어 능력이 함께 성장하기 때문이라고 생각한다.

세 번째, 아이는 저자에게 질문하며 대화하는 방식으로 책을 읽을 수 있다. 저자와 질문하며 대화하는 방식으로 책을 읽으면 독서 후 부모와의 대화가 더욱 흥미로워진다. 이게 바로 유대인의 하브루타이다. 질문하며 대화하는 방식, 근거를 가지고 대답하는 방식이 하브루타이다.

의도를 하든 안 하든 언제나 변하지 않는 진실들이 있다. 공부를 지속적으로 잘하는 아이들은 책을 좋아한다는 것과 성공한 사람들 대부분이 목숨처럼 책 읽기를 해온다는 것이다. 공부를 잘하는 아이들은 책을 읽을 때에도 저자에게 질문하며 대화하는 방식으로 책을 읽는다. 이 아이들은 학년이 올라갈수록 독서가 학업에 미치는 영향을 스스로 깨닫는다. 그래서 부모님이나 선생님이 강요하지 않아도 공부하다 틈틈이 시간이 나면 휴식시간에 책을 읽는다. 책 읽기를 중압감으로 느끼며 느릿느릿한 걸음으로 책장에서 책을 뽑아오는 아이와 차원적으로 다르다. 공부 잘하는 아이들은 이렇게 시간이 지날수록 성취감이 더욱 쌓이게 된다. 결국 이 아이들이 성장하면 목숨처럼 책 읽기를 가까이 하는 성공한 사람들이 될 확률이 높다.

최우선 순위는 부모와 아이가 함께하는 책 읽기로 대화하는 시간이다

우리가 주목해야 할 것은 이 공부 잘하는 아이들의 부모님 또한 대부분 책을 가까이한다는 것이다. 한 가정의 가풍이 독서가 되는 것이다. 학년이 올라가면서 교과서 내용을 이해 못 하는 아이를 답답해할 것이 아니다. 가정에서의 독서 가풍만 세워져도 아이들은 자기 연령 적정치의 언어 능력을 충분히 갖출 수 있다.

우리 학원에 오는 6살 친구부터 초등 저학년 아이들은 정말 끝내주게 말을 잘한다. 바로 이 시기에 부모님들이 책도 많이 읽어주고 대화도 많이 해주시기 때문이다. 하지만 초등 고학년으로 들어서면 많은 학원에

맡겨버리고 대화할 시간을 확보하지 못한다. 바쁜 부모님들은 그 이후에 책 읽기에 관심을 집중적으로 기울이지 않는다. 학교 시험 점수, 학원 숙제 등이 중요 1순위에 있기 때문이다.

공부 잘하는 아이를 원한다면 의사소통하는 부모가 되어야 한다

나는 공부 잘하는 아이를 목표로 할 것이 아니라 행복한 아이를 목표로 해야 한다고 생각한다. 초등학교 때 똑똑하다고 생각한 내 아이가 중학교에 가서 이렇게 말한다면 어떻겠는가?

"나는 공부가 적성에 맞지 않아요!"
"가수가 되고 싶어요!"
"학교 가기가 싫어요! 학교에 왜 다녀야 하는지 모르겠어요!"

이런 사례를 나는 교육 현장에서 무수히 봐왔다. 어떤 아이가 갑자기 게임 중독, 핸드폰 중독에 빠져서 부모님과 마찰이 심해지는 경우도 보았다. 공부에 우수한 성적을 바랄 것이 아니라 평균 아래로 떨어져서 갑자기 낙담하지 않도록 도와주어야 한다. 우리나라 성인 독서량은 1년 4.6권이다. 따라서 우리나라 성인들의 언어 능력은 세계 하위 수준이다. 부모님과 아이가 함께 책을 읽고 대화할 수 있어야 한다.

"우리 부모님은 저와 말이 안 통해요! "

이렇게 호소하는 청소년들이 매우 많다. 책을 읽는 부모의 언어 능력은 아이를 가르치기 위해서가 아닌 아이와의 진정한 소통을 위한 것임을 강조하고 싶다.

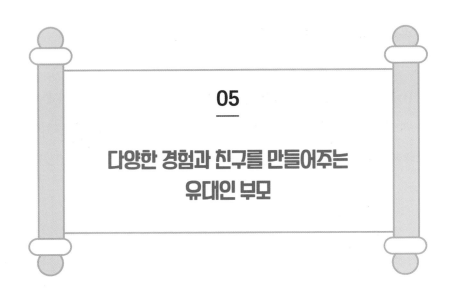

05

다양한 경험과 친구를 만들어주는 유대인 부모

부모는 아이에게 친구이기도 하다. 존경받는 부모의 자리뿐만 아니라 삶의 기쁨과 슬픔을 함께 나눌 수 있는 친구 같은 부모가 가장 이상적이지 않을까?

친구를 아주 소중하게 생각하는 유대인

아빠인 저스틴은 성인이 돼서도 여러 친구를 사귀려는 의도적 노력을 한다. 성인이 되어서도 미국인이 한국에 오랜 시간을 살면서 친구들이 많다는 것은 의도적 노력을 한 결과이다. 친구는 삶에 매우 중요한 부분으로 늘 염두에 두는 것이 유대인의 생각이다. 바쁜 일상 중에서도 친구를 만나는 시간을 항상 할애해둔다. 친구를 만나고 대화하며 인생을 즐겁게 산다. 이 과정에서도 자신을 중요하게 생각한다.

[저스틴과 즐거운 시간을 갖고 있는 친구들]

유대인 부모는 자식의 친구까지도 매우 소중하게 생각한다. 저스틴의 부모님은 한국에 사는 아들을 위해 저스틴의 미국 친구들의 결혼식까지 대신 참석해준다. 비행기를 타고 1박 2일 일정으로 기꺼이 아들 친구의 결혼식에 참석하시는 모습을 보고 나는 매우 감동을 받았다. 나라면 그렇게 할 수 있을까? 그만큼 유대인에게 친구는 잠시가 아닌 인생 전체를 함께 하는 동료이다.

친구와 진심을 나누는 대화! 어찌 깊이가 없을 수 있을까? 나도 저스틴처럼 진심을 나누는 친구들을 만들려고 의도적으로 노력하고 있다.

아이에게 좋은 친구를 만들어주려는 노력

저스틴은 본인에게 친구의 의미가 매우 크므로 아들 쉐인에게도 좋은 친구들을 사귈 수 있도록 기회를 마련해주고 있다. 스포츠 수업, 생일 파티, 가족 모임, 동호회 등을 활용하여 여러 사람들을 만나고 대화하도록 한다. 그리고 부모와 함께 그곳에서 만난 사람들, 그리고 그들의 이야기를 한다. 이때 흥미 있게 들어주는 부모의 태도가 무엇보다 중요하다. 어른인 내가 아이의 이야기를 매우 흥미 있게 들어주는 것은 쉽기도 하고 어렵기도 하다. 무엇보다 진지하게 들어주는 태도가 있어야 아이는 신나게 이야기한다. 부모가 중간중간 해주는 호응은 이 말이면 충분하다.

"리얼리?"
"와우! 쏘 그레이트!!"

나의 아버지도 나에게 중요한 교훈을 많이 가르쳐주었어요.

1. 절대 화내지 마세요. 저는 항상 쉬운 아이는 아니었습니다. 다른 아이들처럼 저는 가끔 불쾌하고 반항적이었습니다. 부모님의 인내심을 시험했어요. 그럼에도 아버지는 제게 소리친 적이 없어요. 그는 사랑을 통해 저를 훈육했어요. 제가 버릇없이 굴면 아버지는 저를 앉혀놓고 말을 걸었어요. 그는 나를 벌했지만 결코 분노로 벌하지 않았습니다. 그는 내 말의 힘을 보여주고 나에게 그와 같은 방식으로 행동하라고 격려했어요. 어렸을 때 저는 절대 괴롭힘을 당하지 않았고 다른 아이들은 항상 저를 좋아했어요. 이것은 제가 갈등을 다루는 방식 때문이라고 생각합니다. 아빠한테 배웠어요.

2. 절대 포기하지 마세요. 우리 아버지는 나의 어린 시절 내내 열심히 일했어요. 때로는 그의 노력이 큰 성과를 거두기도 했고 그의 노력이 실패하기도 했습니다. 그는 결코 포기하지 않았습니다. 항상 노력했어요. 일이 힘들 때도 계속 일했고 실패했을 때 다시 시도했습니다. 그는 항상 인내심을 가지고 있었어요. 행동으로 나에게 삶이 어떠했는지를 보여주

었습니다. 어떤 일이 일어나더라도 계속 시도하세요.

3. 균형 잡힌 삶을 살아요. 아버지는 항상 삶에 만족했어요. 이것이 그가 위대한 아버지가 될 수 있는 이유입니다. 그는 운동할 시간, 친구들과 외출할 시간, 휴식을 취할 시간, 가족을 위한 시간을 가졌습니다. 우리를 돌볼 수 있도록 자신을 돌봤습니다.

[십자말퍼즐을 즐기는 저스틴의 아버지]

[저스틴의 아버지, 마이클의 여가활동]

4. 관계는 파트너십입니다. 아버지는 권위주의자가 아니었습니다. 또한 매우 친밀하지도 않았어요. 그는 어머니와 함께 집을 관리했습니다. 서로의 의견에 동의하지 않을 때 그들은 내가 보이지 않는 곳에서 그 문제를 논의하고 돌아와서 한목소리를 내곤 했습니다. 그들은 모든 면에서 한 팀으로 일하며 일을 분담하고 함께 결정을 내렸습니다. 이것은 저에게 어떻게 관계를 갖는지, 어떻게 가족을 부양하는지를 가르쳐주었습니다.

5. 친구를 신중하게 고르세요. 아버지는 자기 자신을 잘 알고 있어요. 자신의 강점과 약점이 무엇인지 알고 있습니다. 그는 자신의 약점을 보완하기 위해 친구들을 선택했어요. 그는 내성적인 사람이라 더 사교적인 사람이 되기 위해 외향적인 친구들을 만났어요. 아버지는 말을 그렇게 많이 하지 않아요. 그래서 대화를 잘 하는 친구들을 선택했어요. 그는 나에게 나 자신을 알도록 격려하고 올바른 친구를 고르라고 가르쳤어요.

6. 인생은 돈에 관한 것이 아니지만, 돈은 도움이 됩니다. 그는 그의 말과 행동을 통해 삶에서 중요한 것을 보여주었습니다. 가족, 친구, 지혜, 전통 그리고 행복은 모두 중요합니다. 하지만, 그는 항상 돈이 있으면 이런 것들을 더 쉽게 가질 수 있다는 것을 분명히 했습니다. 물건만 준 게 아닙니다. 그는 내가 돈의 가치를 배울 수 있도록 나를 일하게 했

어요. 그는 항상 제게 어떻게 사업을 운영하는지 보여주었고 제가 기업가적으로 살 수 있도록 격려해주었습니다. 이 수업들 때문에 저는 성공적으로 교육사업을 할 수 있게 되었습니다.

언어 능력

7개 국어 아빠와 3개 국어 아들의 5가지 비밀

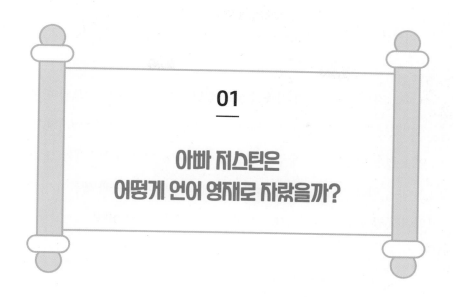

01

아빠 저스틴은
어떻게 언어 영재로 자랐을까?

유대인은 유대인이라서 탁월할까?

우리는 언어에 능통한 사람들을 언어 영재라고 한다. 나는 언어에 능통한 아들과 남편을 두었다. 언어에 능숙하다는 것은 배움에 능숙하다는 말과 같다. 아들과 남편을 바라보며 이들에게 공통점이 있음을 발견하였다. 그 공통점은 배움을 즐거워하는 것이다. 나는 의문을 가졌다.

"유대인들은 왜 배움에 모두 탁월한 것일까?"
"저스틴은 유대인이라서 언어를 익히는 게 수월한가?"
"저스틴은 훌륭한 유대인 부모를 두어서 언어 영재가 되었나?"

이러한 나의 의문을 15년 결혼생활을 하면서 풀 수 있었다.

남편 저스틴의 유대인 가족의 생활에 답이 있었다. 바로 부모와 함께 재미있는 대화와 책으로 반복적인 언어 훈련을 하는 것이다. 이러한 언어 훈련은 일정한 시기에 잠시 하는 것이 아닌 유대인 가족의 생활 그 자체이다. 이러한 생활 태도가 삶의 중심에 녹아 있다. 교육과 생활이 따로 떨어져 있지 않고 항상 함께 호흡하는 것이 유대인 가족이다.

저스틴의 비밀, 책과 대화!

저스틴의 엄마는 저스틴이 배 속에 있을 때부터 책을 읽어주셨다고 한다. 다시 말해 책으로 태교를 한 것이다. 엄마의 목소리로 책을 읽어주면서 아이와 교감하셨다고 한다. 그리고 저스틴이 태어나서부터 지금까지 책은 그들의 대화의 중심에 항상 서 있었다. 지금도 저스틴과 그의 어머니는 하루에 한 번씩 전화로 긴 대화를 나누고 있다. 저스틴의 어머니는 지금도 책을 항상 가까이하신다. 이러한 부모의 본보기가 자식에게 그대로 이어지는 것 같다. 그러한 모습을 바라보며 나도 저스틴의 엄마 같은 엄마가 되겠다고 결심하였다. 그래서 늘 나도 책을 가까이하며 아들과 함께 책을 읽는다.

책과 대화, 이것이 바로 언어 영재 저스틴의 비결이었다. 저스틴은 어머니로부터 다양한 책을 접하였고 아버지로부터 다양한 경험을 접하였다. 어머니로부터 얻은 어휘와 사고, 아버지로부터 얻은 어휘와 사고가 조화롭게 그의 언어 세계를 만들었다. 다양한 어휘와 사고로 저스틴이 말을 하면 듣는 사람이 매우 재미있다. 나 역시 저스틴과 데이트할 때 저스틴과 대화를 나누는 것이 매우 재미있었다. 듣는 사람의 배경지식에 맞추어서 흥미진진하게 대화를 이어나간다. 이는 저스틴이 가진 매우 매력적인 장점이다. 그래서 영어를 두려워한 많은 사람들에게 수업을 매우 재미있게 진행하여 그들의 마음을 연다.

저스틴은 말하기를 매우 즐거워한다. 저스틴의 가족들 모두 말하기를 매우 즐거워한다. 모든 일상을 언어로 표현하며 그들은 행복을 나눈다. 이것이 언어의 가장 좋은 점이 아닐까 하는 생각이 든다. 언어는 시험을 보기 위해서가 아닌 행복을 나누는 수단이다. 그러하니 언어를 익히는 과정이 행복할 수밖에 없다.

부모와 대화하기 위한 언어가 자라면서 2개, 3개, 4개, 그리고 7개로 자연스럽게 확대된 것이다. 저스틴은 한국에 살면서 한국어를 배우게 되었다. 그는 내가 모르는 한국어의 문법을 매우 정확하게 이해하고 있다. 내가 쉽게 사용했던 어미 활용들이 외국인에게는 매우 어려운 문법이었

다. 예를 들면 '~일 텐데, ~일수록, ~보다, ~일 때마다' 같은 표현들이
다. 그러나 그는 스스로 이런 다양한 표현들을 정리해서 익히고 활용했
다. 그래서 한국어 습득이 매우 빨랐다.

우리 부부는 영어를 가르치는 직업이라서 평상시에는 주로 영어를 사
용한다. 그래서 한국에 살지만 한국어를 활용할 기회가 그리 많지는 않
다. 미국에 살지만 주로 한국어를 사용하는 교민이 영어가 빨리 늘지 않
는 이유도 많이 써먹지 않기 때문이다. 한국에 살지만 한국어보다는 영
어를 더 많이 쓰는 환경에서도 저스틴은 한국어를 열심히 노력하여 익혔
다. 한국어를 즐겁게 배우고 즐겁게 사용하며 언어를 빨리 익혔다. 저스
틴은 모든 언어를 익힐 때마다 이러한 태도를 가지고 배웠다.

단어로 문장 만드는 과정을 즐겨라

배움은 즐거워야 하며 실용적이어야 한다. 저스틴의 언어 습득은 즐
거움과 실용에 있다. 즐겁게 배우고 배움을 사용한다. 매우 단순하며 매
우 정확한 언어 습득의 방법이다. 배움이 즐거움인 저스틴은 7개 국어를
한다. 아마도 마음만 먹으면 더 많은 언어도 할 것 같다. 이런 생각은 저
스틴이 한국어를 배울 때 많이 느꼈다. 그동안의 언어를 받아들인 습관
이 그대로 나타났다. 우선 읽기는 수월하게 끝냈다. 읽기가 된 후에는 수

많은 단어 카드를 직접 만들었다. 이 단어 카드들을 들고 짧은 기간 안에 단어를 습득했다. 여기에 특별한 방법이 있다.

우선 나의 영어 단어 외우는 방법과 완전 달랐다. 나는 단어를 외울 때 책상에 앉았다. 그리고 책상을 깨끗하게 정리정돈했다. 조용한 분위기에서 펜을 들고 외웠다. 나의 단어는 언어를 익히기 위한 방법이 아닌 공부 그 자체였기 때문이다. 나중에 깨달은 것은, 언어는 공부가 아니라 연습이 필요하다는 것이었다. 수영이나 사이클처럼 몸으로 체득하는 것이다.

저스틴의 한국어 단어 외우는 방법은 책상을 전혀 이용하지 않는다. 우선 단어 카드를 본인이 직접 만든다. 그리고 운동화를 신고 밖에 나간다. 입으로 중얼중얼 말하며 단어를 익힌다.

이러한 그의 언어 습득 습관은 학원에서도 이어진다. 내가 하는 영어 학원은 수시로 많은 학부모님들이 상담을 오신다. 소문을 듣고 오셨다가 저스틴의 '(교사뿐만 아니라 아이들까지) 돌아다니는 수업'에 놀라신다.

다시 저스틴의 습득 과정을 말해보자. 움직이며 단어를 익히고 그 단어를 이용해서 문장을 만들어본다. 그리고 그 문장을 내게 사용한다. 처음엔 말도 안 되는 어설펐던 문장들이었다. 시간이 지나고 반복적인 이 행동들로 인하여 결국에는 멋진 문장을 완성한다.

문법을 외우지 말고 쓰임으로 이해하라

저스틴은 한국어를 배울 때 궁금한 것을 내게 가끔 물어봤다.

"신디! '~하고자 한다'는 무슨 뜻이야?"
"이걸 어떻게 설명해? 그냥 외워!"
"그냥 어떻게 외워? 이해를 하고 싶어!"

나중에 이 부분이 우리가 영어를 배울 때 문법을 이해하는 것과 상관이 있음을 알았다. '문법을 이해한다.' 이것은 언어에 꼭 필요한 부분이었다. 그런데 나는 문법은 딱딱한 것, 문법은 재미없는 것이라고만 생각했다. 저스틴이 언어를 배우는 데 단어와 문법은 매우 중요한 부분이다. 단어를 많이 습득하고 문법을 이해해야 한다. 그리고 실생활에서 틀려도 써먹어보려 해야 한다.

저스틴이 한국어가 서툴렀을 때 일이다. 식당에서 음료를 주문했다.

"사이다 주세요."

"뭐라고요? 저 영어 못 해요!"

"사이다 주세요!"

이렇게 말하는데 종업원은 외모만 보고 자기는 영어 못한다면서 가버렸다. 다시 내가 한국어로 "사이다 주세요!" 하자 그제야 깔깔 웃으며 "아, 그 말이 한국말이었어요?"라고 말했다. 그럴 때마다 저스틴은 매우 실망했고 나는 그를 위로해야 했다.

하지만 내가 미국에 갔을 때는 달랐다. 나의 완벽하지 못한 발음을 어느 누구도 놀리지 않았다. 그리고 내가 말한 것을 이해하려고 온 힘으로 경청해주었다.

그래서 저스틴과 나는 아이들이 영어를 할 때 실수해도 절대 앞에서 웃지 않는다. 우선 잘했다고 칭찬해주고 그 말을 이해한다. 그리고 나중에 차분하게 문법과 연관 지어 교정해준다.

이러한 저스틴의 한국어 습득 과정을 지켜본 나는 충분히 인정한다. 그의 방법은 모국어뿐만 아니라 모든 언어를 익히는 방법에 적용 가능하다.

세상에는 언어를 대하는 두 부류의 사람들이 있다. 한 부류는 모국어 이외의 다른 언어를 사용하는 건 매우 불가능하다고 생각한다. 다른 한 부류는 모든 언어를 마음만 먹으면 할 수 있다고 생각한다. 저스틴은 마음만 먹으면 모든 언어를 배울 수 있다고 생각하는 부류이다.

결국, 7개 국어 아빠, 저스틴의 언어 능력의 비결은 이와 같은 배움에 대한 자세다. 저스틴은 배움을 즐거워하고, 배움에 진지하게 임한다. 이 진지함은 경건하다고 말할 수도 있다. 동시에 배움을 즐거워하기 때문에 언어를 배우는 과정이 즐거워진다. 또한 실수를 두려워하지 않고 실생활에서 익힌 문장을 말한다. 이런 자세가 언어를 배우는 데 필요하다. 그러면 그 배움을 내 것으로 온전히 갖게 된다.

■ 저스틴의 생각 3 :

내가 7개 국어를 할 수 있는 이유

유대교의 독특한 점 중 하나는 그것이 행동의 종교라는 것입니다. 대부분의 사람이 종교 하면 신앙을 떠올립니다. 유대교에서는 신앙이 거의 중요하지 않습니다. 행동이 중요합니다. 유대교는 법의 종교입니다. 유대인이 지켜야 할 법률은 총 613개이며, 행동이 매우 중요하기 때문에 모든 613개의 법칙의 세부사항을 배울 필요가 있습니다. 이를 위해 우리는 각각의 법을 깊이 연구할 필요가 있습니다. 이 법들은 유대교의 문법입니다. 유대인들은 문법을 잘합니다.

사실 문법은 복잡합니다. 당신이 문법 공부에만 집중한다면 결코 그 언어를 사용하지 않을 것입니다. 유대교는 행동의 종교입니다. 세상을 더 나은 곳으로 만들기 위해 행동해야 합니다. 법을 공부하는 것이 중요하지만 세상에서 행동해야만 합니다. 그것은 언어의 경우도 같습니다. 우리는 말해야 합니다. 모든 문법을 알지 못해 실수를 하더라도 우리는 말해야 합니다.

언어를 어렵게 만드는 것은 바로 이 균형입니다. 우리는 규칙을 배우고 언어를 사용해야 합니다. 여러분이 규칙에만 집중한다면, 그 언어를 절대 사용하지 않을 것입니다. 또 여러분이 언어를 사용하는 데 너무 집중한다면, 결코 배울 수 없을 것입니다. 6천 년 이상의 역사를 통해 유대인들은 이 균형을 배웠습니다.

한국인은 문법을 잘 배웁니다. 유대인과 마찬가지로 한국 사람들도 공부하는 법을 알고 있습니다. 하지만 유대인들은 행동합니다. 우리는 끊임없이 배운 것을 사용합니다. 우리가 모든 것을 알지 못하는 것은 중요하지 않습니다. 실수를 해도 상관없어요. 우리는 행동합니다. 하지만 유대인들은 행동만 하는 것이 아닙니다. 공부도 계속합니다. 이것은 유대인들에게 효과가 있는 조합입니다.

예전에 한국은 부모들이 자녀들에게만 열심히 공부하라고 강요하는 곳이었어요. 학원들은 눈을 뜰 수 없을 때까지 어휘와 문법을 공부하는 스트레스를 받는 학생들로 가득 찼습니다. 그들은 문법만을 공부했고 결코 그 언어를 사용하지 않았습니다.

한 세대는 문법에만 집중하고 그 언어를 사용하지 않았습니다. 끔찍한 결과를 보았습니다. 이게 얼마나 안 좋은지 아는 사람들이 많아졌습니다. 그들은 아이들이 문법만을 배우고 언어를 사용하지 않는 것을 원하지 않습니다. 그래서 아이들을 '놀이 학교'에 보내서 아이들을 놀게 했고,

아이들은 거의 아무것도 배우지 못하게 되었습니다. 극단적인 방법은 없습니다.

제가 자랄 때, 부모님은 실수를 해도 괜찮다는 것을 보여주기 위해 엄청난 노력을 기울였습니다. 그들은 실수를 할 때마다 그것을 지적하고 웃었습니다. 제가 실수할 때마다 우리는 함께 웃었어요. 그들은 제게 실수해도 괜찮다는 것을 보여주었습니다.

실수에 대한 두려움이 세상에서 행동하는 것을 막아서는 안 됩니다. 부모님은 제가 실수로부터 배울 수 있도록 도와주고 제 실수를 절대 나쁘게 생각하지 말라고 가르쳤어요. 또한 그들은 제가 확실히 공부하도록 해주었습니다. 매일 공부 시간을 정했습니다. 우리는 책을 읽거나 숙제를 하며 함께 공부했습니다.

부모님은 저에게 행동과 공부, 문법과 말하기 사이의 균형을 가르쳐주었습니다. 7개 국어를 배우는 데 많은 시간을 들였어요. 만약 한국인들이 이런 식으로 따라한다면 그들은 유대인들처럼 성공할 것입니다.

[저스틴 아버지의 유대의식]

[이스라엘에서의 저스틴의 종교의례]

[저스틴 아버지의 기도하는 모습]

[저스틴 아버지의 중요한 유대인 의식,
바르 미츠바]

[저스틴 아버지가 경영한 유대인 모임 장소]

[저스틴 아버지가 경영한
유대인 식당의 메뉴]

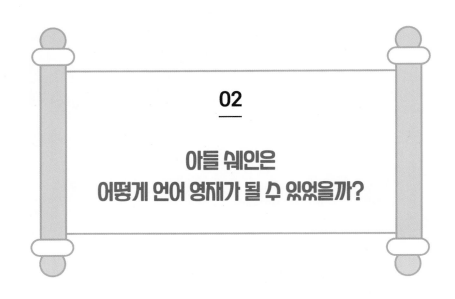

02

아들 쉐인은 어떻게 언어 영재가 될 수 있었을까?

보통 아이들의 2배 단어를 인지하는 유대인 아이들

남편과 아들이 함께 있는 시간에는 거의 고요한 때가 없다. 그들은 항상 웃음과 대화가 오간다. 어릴 때부터, 아니 아들이 태어나기 전부터 남편은 아이와 쉴 새 없이 대화를 하였다.

유대인 아이들은 4살 때 언어 인지력이 보통 아이들의 2배가 된다고한다. 아빠가 쉴 새 없이 들려주는 언어들은 아이에게 특별한 어휘력을 발휘한다. 보통 아이들이 4살 시기에 800~900단어를 인지할 때 유대인 아이들은 2배인 1,500단어 이상을 인지한다고 한다. 이는 자라면서 아이의 언어 능력에 큰 영향을 끼친다. 그러니 대화를 많이 하는 부모의 역할이 매우 크다고 하겠다.

그래서 부모가 되기 전 내성적인 사람도 부모가 되면 외향적인 모습으로 변하는 것이 좋다는 말도 있다. 내가 학원을 하면서 오랫동안 여러 아이를 만나보니 밝고 긍정적인 부모님의 아이가 역시 밝고 긍정적이었다. 내가 남편을 통해 만난 많은 유대인들의 공통적인 부분이 바로 이것이다. 유머를 통해 분위기를 밝게 하며 긍정적인 태도를 가지고 있었다. 이러한 태도는 아이들의 언어 훈련에 매우 좋은 영향력을 발휘하며 쉐인역시 큰 효과를 보았다.

발산적·수렴적 사고 – 대화와 책을 좋아하는 우리 집

쉐인이 영어와 한국어에 매우 능통하게 된 것은 대화와 책을 좋아하는 가정 분위기를 만든 것이다. 저스틴과 나는 쉐인 주변에 책을 늘 가까이 두었다. 침대 옆, 거실, 식탁 위, 책가방 안, 심지어 캠핑가는 가방 안에도 늘 책을 두었다. 어디서든 책이 바로 곁에 있어 여유 시간이 되면 언제나 펼쳐볼 수 있게 하였다.

[**스스로 책 읽는 아이, 쉐인**]

이렇게 책을 늘 읽게 하고, 읽었던 책을 주제로 매일 잠자기 전 가족 모두 참여해 브레인스토밍을 하였다. 책을 읽기만 하고 끝나는 것이 아니라 생각을 꺼내는 발산적 사고를 하기 위해 우리는 의도적으로 적절한 단어 사용 훈련을 하였다. 아이가 꺼내는 생각들을 남편과 함께 들으면 너무나 신나고 행복했다. 아이의 키가 커가면서 생각도 커가는 모습을 함께 느낄 수 있는 것은 부모만이 가질 수 있는 행복이다.

쉐인이 생각을 꺼내는 발산적 사고를 하면 저스틴과 함께하는 다음 단계가 있다. 그것은 생각을 정리하는 수렴적 사고를 하는 것이다. 그렇게 하면 언어 표현력이 향상되고 더불어 학교생활 수행평가도 어렵지 않게 해낼 수 있게 된다. 요즘 학교에서 많이 실시하는 수행평가는 이러한 발산적 사고와 수렴적 사고를 가지면 스스로 준비할 수 있다.

사람과 만나고 활동하도록 환경을 만들어줘라

쉐인의 언어 능력을 위해 부모로서 또 노력한 것이 있다. 그것은 언어 능력을 향상시킬 수 있는 배경을 자주 접하게 하는 것이었다. 여러 사람들을 만날 수 있는 사교적인 모임, 친구들과의 바깥놀이 활동, 친구들과 도서관에서 놀기 등등이다.

유대인 부모는 아이와 친구가 함께 하는 시간을 매우 존중해준다. 최선을 다해 이 시간을 많이 도와주려 노력한다. 함께 계획하고 친구와의 노는 시간을 확보해주려고 한다. 또한 새로운 친구들을 만날 수 있도록 기회를 만들어준다. 새로운 친구와 함께하는 다양한 경험은 아이의 언어를 더욱 풍부하게 만들어준다.

요즘 청소년들은 친구들을 만날 때 PC방에 자주 간다. 거의 친구들과 대화를 하기보다는 각자 게임을 하고 있다. 초등학교 시절에 말이 많던 아이들이 청소년기가 되면 급격하게 말이 줄어든다. 그러므로 청소년기가 되어도 책을 충분히 많이 읽고, 부모님과 친구들과 대화를 많이 하도록 이끌어주는 것이 필요하다.

쉐인의 언어 능력은 4가지 노력으로부터 탄생했다

쉐인의 언어 능력을 위해 우리가 노력한 것은 4가지이다.

1. 책 읽어주기
2. 브레인스토밍
3. 대화하고 질문하기
4. 대화를 할 수 있는 환경 만들어주기

결코 어렵지 않은 방법이다. 하지만 뭐든지 꾸준히 하여야 효과가 있고 빛을 발한다. 내 아이가 언어 능력이 뛰어나 사람들 앞에서 부끄러워하지 않고 자기 의견을 멋지게 표현하기를 원하는가? 그렇다면 당연히 부모로서 해야 할 일이 있다. 아이는 성장하며 부모와 사회의 도움이 많이 필요하다. 자라나는 우리 아이들이 멋진 언어표현력으로 멋지게 세상을 만들어가면 좋겠다.

　쉐인은 언어 천재입니다. 그는 매우 성공적으로 언어 여행을 하고 있습니다. 하지만, 그의 성공을 보장한 것은 지능이 아닙니다. 우리가 쉐인이 왜 그렇게 성공했는지 이해하려면 유대인의 사고방식으로부터 무엇을 배울 수 있을지 살펴봐야 합니다.

　그의 성공에 결정적인 한 가지가 있습니다. 사실 그것은 어떤 노력을 하든지 중요한 것입니다. '행복'입니다. 어떻게 행복만으로 성공을 보장할 수 있을까요? 행복은 유대인들이 사용하는 비밀 도구입니다. 그것은 우리의 교육과 삶에서 모두 성공하도록 도와줍니다. 이것을 이해하기 위해 우리는 유대교가 정확히 무엇인지 이해할 필요가 있습니다. 유대인들은 어떻게 생각하는지, 그리고 현대 사회에서 유대인들이 어떻게 결정을 내리는지도요.

　저는 한국에서 14년을 보냈습니다. 나는 수천 명의 한국인을 만났고 그들이 본 최초의 유대인입니다. 그들은 저를 만나 매우 흥분했고 저는 그것을 영광으로 여겼습니다. 하지만 대다수 사람은 유대교가 무엇인지 전혀 모릅니다. 가장 일반적인 생각은 '유대교는 똑똑한 사람들의 종교이다'입니다. 영광입니다만, 이것은 유대교를 완벽하게 설명하지는 않습니다. 그렇다면 유대교란 무엇일까요?

　가장 간단한 수준에서 얘기하자면, 유대인과 기독교인들은 같은 성경인 구약성서를 믿습니다. 그러나 기독교인들은 신약성서를 가지고 있고 유대인들은 그렇지 않습니다. 하지만 이것은 유대교와 기독교의 차이를 조금도 설명해주지 않습니다. 유대인들은 하나님께서 시나이 산에서 모세에게 구약성서를 주신 것을 믿지만, 모세가 우리에게 준 것이 전부가 아니라고 생각합니다. 신은 어떤 텍스트도 백만 가지 다른 방식으로 해석될 수 있다는 것을 알고 있었습니다. 유대인들은 모세가 시나이 산에 40일 동안 있었다고 믿고 있습니다. 그 기간 동안 신은 모세에게 구약성서 전체를 주었을 뿐만 아니라, 모세에게 그것을 해석하는 방법도 정확히 가르쳐주었습니다. 이것은 유대인의 구전 전통이 되었고 그 당시에는 기록되지 않았지만, 후에 구전은 미슈나(Mishnah, מִשְׁנָה)에 기록되며 이후 탈무드(תַּלְמוּד)에 성문화되었습니다.

　그래서 유대인들이 행복에 대해 어떻게 생각하는지 이해하기 위해서는 먼저 구약성서를 살펴봐야 합니다. 구약성서에는 아주 분명한 두 가지 진술을 하고 있습니다. 하나는 우리가 하나님을 기쁘게 섬겨야 한다는 것입니다. 이것으로 우리는 행복이 얼마나 중요한지 알 수 있습니다.

삶은 고통이라는 것은 누구나 알고 있습니다. 우리는 항상 하나님을 섬겨야 합니다. 그것은 어떤 종교에서도 기본입니다. 그러나 우리가 고통 받고 있을 때 어떻게 하나님을 기쁘게 섬길 수 있겠습니까. 구약성서는 우리에게 명확한 답을 줍니다. 그것은 우리가 법의 이행에서 행복을 찾아야 한다는 것입니다. 당신은 만족하나요? 제가 이 글을 처음 읽었을 때 혼란스러웠습니다. 어떻게 하면 인생의 가장 어두운 순간에 하나님을 행복하게 섬길 수 있을까요? 그게 무슨 의미죠?

아무 걱정 마세요! 유대인의 질문에 대한 해답은 대부분 탈무드에 있습니다. 탈무드가 우리에게 말해주는 것은 무엇일까요? 탈무드는 현대 과학이 발견한 것과 똑같은 것을 말합니다. 행복은 의미의 반작용입니다. 의미 있는 일을 하면 행복을 찾을 수 있습니다. 신 앞에 서고 싶다면 마음속으로 기쁨을 느끼며 해야 합니다. '기쁨은 계명을 이행하는 것', 곧 의미 있는 일을 하는 것에서 발견될 수 있습니다. 인생의 가장 어두운 순간에 우리는 우리의 상황을 다루는 방법에서 의미를 찾을 수 있습니다. 아니면 빅토르 프랭클이 가르쳐준 것처럼 우리는 고통 그 자체에서 의미를 찾을 수 있습니다.

그럼 이게 우리에게 어떤 도움이 될까요? 자, 이제 우리는 행복을 찾는 방법을 알게 되었습니다. 행복은 의미에 있습니다. 하지만 우리는 어떻게 의미 있는 것을 찾을 수 있을까요? 하나님은 유대인들이 지켜야 할 613계명을 주셨습니다. 그것은 모든 사람이 이 모든 계명을 배워야 한다는 것일까요? 절대로 그렇지 않아요. 유대인이 아닌 사람들까지 이 계명을 따라야 한다고 생각하는 유대인은 이 세상에 없습니다. 물론 계명 외에도 세상에 배울 것은 많습니다. 그러나 하나님은 우리에게 지름길을 알려주셨습니다. 그는 우리에게 삶의 의미가 어디에 있는지 찾을 수 있는 나침반을 주었습니다. 그 나침반은 시간입니다. 여러분이 의미 있는 일을 할 때, 시간은 빨리 지나갑니다. 여러분이 아무런 의미도 없는 일을 할 때, 시간은 천천히 지나갑니다. 여러분의 삶에 집중하세요. 그러면 여러분은 이것이 사실이라는 것을 알게 될 것입니다.

이제 우리는 행복이 성공에 매우 중요하다는 것을, 행복이 의미 속에서 발견될 수 있다는 것을 알게 되었습니다. 우리는 시간의 흐름을 느낌으로써 삶의 의미를 찾을 수 있다는 것을 알고 있습니다. 그렇다면 그것이 우리의 언어 학습이나 일반적인 학습에 어떤 도움이 될까요? 부모님이나 선생님의 일은 무엇인가요? 학생들에게 정보를 주는 것이 그들의 일인가요? 말도 안 돼요! 컴퓨터나 책이 그것을 더 잘할 수 있습니다. 재미있게 가르치는 것일까요? 말도 안 돼요! 게임이나 유튜브 영상이 훨씬 더 재미있어요. 그렇다면 그들의 일은 무엇일까요? 그들의 일은 학생들이 삶의 의미를 찾도록 돕는 것입니다. 그들은 행복하게 배울 수 있습니다. 학생이 어떤 과목과 행복을 동일시하게 되면, 그들은 그 과목에 대해 계속 연구하고 다음 단계를 추구할 것입니다. 그리고 결국 성공할 것입니다.

이제 새로운 질문이 있습니다. 선생님은 어떻게 학생들이 공부에서 의미를 찾도록 도울 수 있을까요? 모두가 알아야 할 비밀이 몇 가지 있습니다. 먼저, 여러분은 자신이 즐거워하는 분야에서 시작하세요. 이 교훈을 반복해야 합니다. 다음으로, 대부분의 연구를 혼자 하지 않도록 하세요. 마지막으로 당신의 공부를 기도처럼 대하세요.

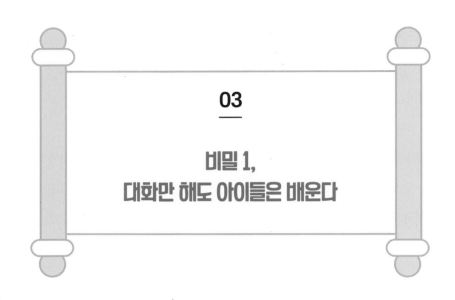

03

비밀 1,
대화만 해도 아이들은 배운다

문장으로 완벽하게 만드는 대화 습관을 기른다

쉐인은 말하기를 매우 좋아하는 아이이다. 그중에서 아빠인 저스틴과 대화하는 것은 더욱 좋아한다. 주로 저스틴이 질문을 하고, 쉐인은 생각을 하고 대답을 한다. 이때 쉐인이 꼭 주의해야 할 것이 있다. 단어가 아닌 문장을 정확하게 구성하여 대답해야 한다는 것이다. (저스틴은 문장이 아닌 단어만을 사용한 대답은 대답이 아니라고 생각한다.)

한국을 돌아보자. 한국 학생들은 단어만을 사용한 단답을 하는 경우가 대부분이며, 이를 교사와 부모가 허용한다. 이 허용이 문제이다. 아이들에게 이 습관이 몸에 배어 계속 이어진다. 문장을 구성하고 접속사를 통해 이야기를 전개하는 능력이 떨어질 수밖에 없다.

쉐인이 말을 배우는 과정에서 저스틴의 노력은 매우 꾸준하고 일정하였다. 어느 날은 되고 어느 날은 안 되는, 꾸준하지 못한 가르침은 효과를 볼 수 없다. 꾸준하고 일정한 아빠의 가르침은 아이에게 좋은 언어 습관을 기를 수 있게 한다. 특히, 문장으로 완벽하게 만드는 대화 습관을 기를 수 있다. 이제는 10살인 아이가 적절한 어휘와 문법이 사용된 문장을 사용하는 것은 모두 대화 습관 때문이다.

예를 들어, "어디에 갔었니?"라고 물었을 때, "학원이요." 이렇게 짧게 대답하는 것이 아니라 이렇게 대답하게 한다.

"저는 오늘 학원에 친구와 함께 갔어요."

나이에 따라 발산적 사고와 수렴적 사고를 언어로 표현하게끔 가르쳤다. '마태 효과'를 아이의 언어 훈련에서도 얻을 수 있다. 유대인들은 가진 자는 더욱 가지게 하고 없는 자는 있는 것조차 잃을 수 있다는 마태 효과를 교육에서도 활용하고 있다. 자신의 생각을 자신의 언어로 말할 수 있는 아이는 부모가 어디를 내놔도 안심할 수 있다. 아이의 생각을 대신 말해주려는 부모님들을 나는 많이 보았다. 처음에는 어리숙하더라도 아이의 말할 기회를 빼앗지 말기를 바란다. 차차 아이는 '마태 효과'로 언어의 풍요함을 접할 수 있을 것이다.

또한 저스틴은 쉐인이 엄마와 이야기하다가 아빠와 이야기 나눠야 할 때 언어의 전환을 꼭 하도록 했다. 예를 들면, 친구와 만난 이야기를 나에게 들려주다가 아빠가 궁금해하면 영어로 다시 상황을 표현하게 했다. 따라서 영어와 한국어, 두가지 언어로 모두 문장의 도입과 마무리를 뚜렷하게 할 수 있게 하였다.

대화 놀이로 여러 상황의 언어를 표현한다

저스틴은 쉐인과 자주 시간을 내어 논다. 교육에서는 엄격한 아빠지만 놀이를 할 때는 세상에서 제일 친한 친구가 된다. 아빠인 저스틴이 주로 놀이를 하기 위해 좋아하는 장소들은 운동장, 숲, 바다, 도서관 같은 활동적인 곳들이다. 이러한 곳을 직접 찾아가서 이러한 곳들에서 사용되는 어휘들을 가르쳐준다. 엄마인 나와 할 수 있는 놀이공간은 '친구 생일 파티, 미술관, 공연장, 시장, 수영장' 등이다. 나 역시 이러한 곳에서 사용되는 어휘들을 가르쳐준다.

책에서 익힐 수 있는 어휘가 있고 직접 공간을 느끼며 얻을 수 있는 어휘들이 있다. 이렇게 직접 공간을 찾아가서 어휘를 알려주며 아이는 '살아 있는 어휘'를 배우게 되는 것이다. 그리고 눈으로 보며 익힌 어휘는 오감과 함께 기억 속에 오래 남는다. 잠시 잊었다가도 그 공간에 다시 가면 신기하게 기억하는 것을 많이 보았다. 아이의 이런 배움의 과정들이 부모로서 느낄 수 있는 소중한 기쁨 중 하나이다.

대화하고 경청하며 서로의 대화 표현을 배운다

유대인들에게 토론과 더불어 중요한 대화 방법은 경청이다. 입은 하나이고 귀가 둘인 이유는 다른 사람의 말에 귀를 기울이라는 뜻이라며 아이들을 가르친다. 따라서 유대인 아이들은 자신의 의견을 조리 있게 말할 수 있는 능력과 더불어 다른 사람의 의견을 경청하는 자세 역시 훌륭하다.

바르게 듣는 태도를 통해 상대방의 대화 표현을 배울 수 있다. 부모님이나 선생님 같은 연장자와의 대화뿐만 아니라 친구와의 대화에서도 표현을 배울 수 있다. 이것이 아이들이 저속한 대화 표현을 접하지 않도록 부모님이 신경을 써야 하는 이유이기도 하다. 아이들이 듣고 배운다는 생각을 늘 염두에 두면 부모로서 당연히 올바른 어휘를 사용하는 데에 집중해야 한다. 아이들이 말할 수 없을 때라도 모든 언어를 들으면서 습득하기 때문이다.

바른 언어는 경솔하지 않고 상황에 맞는 문장이어야 한다. 거기에 나아가서 감동을 줄 수 있으면 더욱 좋다. 평상시 부모가 나누는 대화, 그리고 잠자기 전 읽어주는 책을 통해서 아이들은 훌륭한 언어 전달자로 성장할 수 있다.

상황을 말과 글, 2가지로 표현해보기

아이가 글을 쓰게 되면서 표현하는 방법을 2가지로 확대할 수 있다. 말로는 조리 있게 하지만 글로 표현하기를 어려워하는 경우가 있다. 어른들도 마찬가지다. 글을 쓰는 것을 막연하게 생각하고 어려워하는 경우가 많다.

글을 쓰는 좋은 방법 역시 훈련이다. 꾸준하고 일정한 방법으로 지도하는 것은 모두 훈련이다. 좋은 글을 많이 읽으면 좋은 글을 쓸 수 있다. 부드럽게 흘러가는 문체를 자주 접하면 매우 좋다. 이 점에서 아이들에게 시를 접하게 해주는 것도 한 가지 방법이다. 간결하게 문장을 정리해서 표현한 시는 아이들에게 매우 좋다고 생각한다.

가족이 함께 시를 읽고 감상하는 것은 어떨까? 저녁식사 후 가족이 돌아가며 시를 낭송하고 감상하는 모습은 상상만 해도 매우 아름답다.

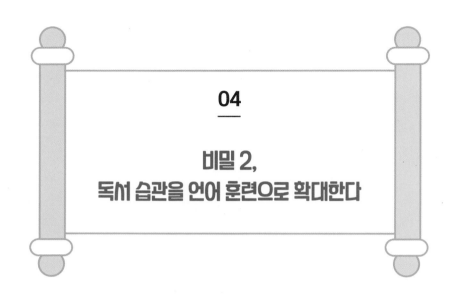

04

비밀 2,
독서 습관을 언어 훈련으로 확대한다

쉐인과 내가 책을 함께 읽고 난 후 하는 특별한 일이 있다. 그것은 책의 주인공이 되어 책의 대화를 따 담는 것이다. 책 속에서 흥미 있는 부분을 그대로 읽거나 흉내내본다.

예를 들면 쉐인과 함께 읽었던 책 중에 『플란다스의 개』가 있다.

"엄마, '먼동'이 뭐예요?"

일상적인 '아침, 아침해, 새벽'이라는 단어가 아닌 쉐인에게는 새로운 '먼동'이라는 단어가 등장하였다. 책에서 충성스러운 큰 개 파트라슈와 사랑스러운 소년 넬로가 저만치 해가 떠오르는 언덕을 밝게 뛰어다닌다.

쉐인과 나는 그 부분을 읽고 아침 일찍 공원에 나갈 때는 손을 잡고 힘차게 뛴다.

"먼동이 떠오르네! 하하하!"
"엄마는 쉐인과 함께라면 뭐든지 다 할 수 있어!"

나는 소년 넬로가 하던 말을 그대로 따 담아 쉐인에게 전한다. 그러면 쉐인도 책에 있는 대화를 그대로 따 담아 나에게 대답한다.

"어서 오세요! 우리 저기 보이는 포플러나무까지 뛰어가요!"

사실 우리 쉐인은 포플러나무에 대해 정확히 모른다. 그러나 공원을 달리며 저기 보이는 나무는 『플란다스의 개』에서 항상 나오는 포플러나무가 되어버리는 것이다.

이렇게 책에 있는 대화를 그대로 따 담으면 좋은 점이 2가지 있다. 단어와 문장이 매끄럽게 연관이 된다. 그리고 책 속의 주인공과 대화를 나눌 수 있다. 대화를 따 담을 때에는 때에 따라 엄마, 아빠의 과장된 몸짓과 말투가 필요하다. 학원에서 내가 아이들에게 매우 인기가 높은 이유가 바로 이것이다. 아이들이 깔깔 웃을 수 있게 나의 몸짓과 말투가 과장되고 재미있기 때문이다. 나는 아이들에게 선생님이고 엄마이며 친구다.

이는 살아 있는 대화체를 익히는 매우 좋은 방법이다. 묻고 질문할 수 있으며, 여러 수식어도 함께 배울 수 있다. 그래서 책의 상황과 비슷한 상황이 있을 때 그대로 흉내내는 쉐인을 볼 수 있었다. 같은 상황에서 표현해본 뒤 우리는 함께 재미있어 한다.

독서는 인풋이고, 확대하면 언어 훈련이 된다

쉐인이 책을 읽으며 하는 또 다른 특별한 일이 있다. 그것은 책과 연계된 관심 주제를 정보 검색하는 것이다. 쉐인과 저스틴은 공통점은 의문을 가지면 바로 의문을 풀려고 스스로 노력한다. 차를 타고 가다가 쉐인이 갑자기 질문을 한다.

"대디! 세계에서 크리켓이 몇 위에 속하는 인기 스포츠일까?"
"음… 내 생각엔 2위 같아. 너는 1위가 어떤 스포츠일 것 같아?"

그리고 둘은 '스포츠'라는 주제로 책을 찾아보고 여러 방법으로 정보를 검색한다. 저스틴은 쉐인에게 정보를 검색하고 알맞게 정리해보게 한다. 그 과정에서 정보를 선별하는 것을 단계적으로 가르친다. 인터넷으로 인하여 우리는 많은 정보의 바다에 노출되어 있다. 그러므로 그 많은 정보 중 자신이 필요한 정보를 선별할 수 있는 능력이 매우 중요하다. 아이들에게 이를 가르쳐주는 것도 부모가 해야 할 중요한 일이다.

독서 습관은 매우 좋은 인풋 과정이다. 인풋이 되었다면 언어 훈련으로 확대하여 내 것으로 만드는 과정이 중요하다. 내 것으로 만든다는 것은 '나의 생각'으로 만든다는 의미다. 다시 말해 창의력을 발휘할 수 있어야 온전한 나의 것이 된다는 뜻이다. 이는 언어 훈련으로 극대화할 수 있다.

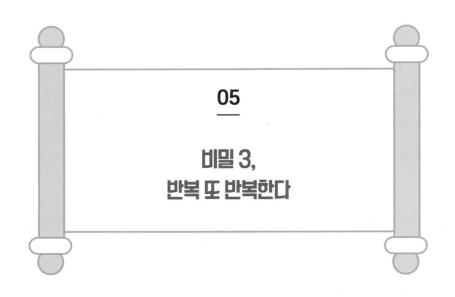

05

비밀 3,
반복 또 반복한다

다양한 방법으로 반복하라

배운 내용을 내 것으로 만들 수 있는 가장 좋은 방법은 반복이다. 인지 과학이나 메타인지를 연계시키지 않고서도 반복은 가장 좋은 교육 방법이다. 효과적인 반복은 아이가 진짜 실력을 갖게 할 수 있다. 그러나 '반복'은 정작 아이들에게 지루할 수도 있다. 아이들은 반복을 매우 싫어한다. 그래서 반복의 교육 방법에는 특별한 방법이 꼭 필요하다. 아이들이 결코 반복을 눈치챌 수 없게 다양한 방법으로 반복을 하는 것이다. 다양하고 재미있게 반복하면 아이들은 즐거워한다.

노트에 적은 표현을 모방하며 반복하라

앞서 책에서 대화 표현을 따 담는 것이 매우 좋은 언어 습득 방법이라고 말하였다. 이때 따 담은 대화 표현을 아이 노트와 부모 노트에 각각 적으면 좋다. 노트에 적어서 그것을 자주 모방할 수 있게 해준다. 이 과정에서 책의 대화 표현을 내 것으로 만드는 결과를 얻을 수 있다. 쉐인은 이런 방법으로 유아기에 영어와 한국어를 둘 다 유창하게 익힐 수 있었다.

새로운 장소에서 습득한 언어를 반복하라

반복에는 새롭고 즐거움이 동반되어야 한다. 새로운 장소를 제공하면 호기심이 많은 아이들의 호기심을 더욱 크게 자극할 수 있다. 그래서 저스틴과 나는 쉐인에게 새로운 장소를 통해 반복을 새로운 느낌으로 다가오게 한다. 이로써 아이는 부모가 의도적으로 하는 반복을 전혀 눈치채지 못한다. 하지만 매번 새로운 장소를 찾기란 쉬운 일은 아니다. 눈으로 직접 볼 수 있는 새로운 장소도 있고 책이나 미디어를 통한 새로운 장소를 소개해주는 것도 좋다. 새로운 것과 반복의 묘미는 함께 경험하면서 더욱 실감할 수 있을 것이다.

예를 들어, 새로운 장소인 도서관에 갔다면 이에 해당하는 한국어와 영어 단어를 습득할 수 있다. 도서관에 있는 여러 섹션인 경제도서, 문학도서, 마케팅, 시집, 자기 계발서 등을 익힐 수 있게 된다. 백화점이나 시장도 매우 좋은 장소이다. 새로운 어휘뿐만 아니라 상황에 따른 문장 역시 효과적으로 습득할 수 있다.

새로운 친구와 습득한 언어를 반복하라

아이에게 친구는 매우 중요한 존재이다. 부모와 교사가 제공해주는 교육과는 새로운 차원의 경험을 제공해준다. 또래 아이들을 통한 놀이와 경험은 아이에게 매우 소중한 시간이다. 아이들이 친구와 노는 시간을 가만히 살펴보면 쉴 새 없이 대화가 오고 간다. 자신의 경험을 말해주기도 하고 친구의 경험을 듣기도 한다. 친한 친구와의 대화 속에 습득한 언어는 아이에게 매우 인상깊게 다가온다. 저스틴과 나는 아이를 통해 배운 언어들을 듣고 깜짝 놀란 적이 자주 있다. 역시 친구를 통해 습득한 언어는 아이가 더 깊게 체감된다는 것을 느꼈다.

"쉐인, 친구와 재미있었니?"
"그 친구는 무엇을 좋아해? 너와 친구는 무엇을 할 때가 제일 재미있니?"

이렇게 계속 질문을 던진다. 아이는 친구와 있었던 일들을 떠올리며 장면과 경험을 언어로 표현한다. 자연스럽게 친구와 습득한 언어들이 반복되는 것이다.

[골프하는 쉐인과 대화를 주고받는 저스틴]

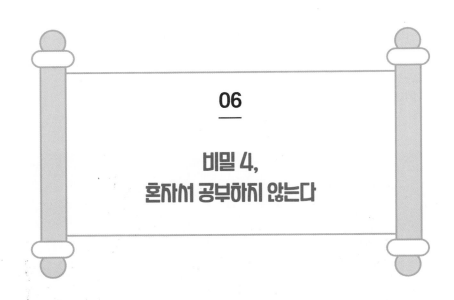

06

비밀 4,
혼자서 공부하지 않는다

유대인들에게 토론은 배움에서 매우 중요한 방법이다

우리는 유대인들의 언어 습득 방법 중 토론하는 방법을 '하브루타'라고 알고 있다. 혼자서 공부한 것을 토론하면서 진정 자기 것으로 만들 수 있는 유대인들의 방법이다. 나의 의견과 반대되는 타인의 생각을 들어보는 것은 매우 중요하다. 나의 의견을 이유와 근거를 들어 설득하는 방법을 배우는 것 또한 중요하다. 이러한 이유들이 혼자서 공부하지 않고 함께하는 이유라고 할 수 있다. 배움은 함께 나누는 것이다. 유대인들은 배움을 배움으로 끝내는 것이 아닌 삶의 한가운데 중요한 방식으로 나누고 있다.

유대인들에게 토론은 배움에서 매우 중요한 방법이다. 이들은 토론을 통해 자신과 다른 사람의 의견을 듣는다. 유대인들에게 중요한 생각은 '다름'이다. 이렇게 '다름'을 인정하기에 유대인들의 창의성이 특히 뛰어나지 않을까 하는 생각이 든다.

그래서 저스틴이 쉐인을 크게 칭찬하는 상황은 바로 '다르게 생각'할 때이다. 쉐인은 아빠의 칭찬을 듬뿍 받으며 자라왔다. 다르게 생각한 것을 표현할 때마다 칭찬을 아끼지 않아서일까? 쉐인은 학교에서도 발표하기를 매우 좋아한다. 손 들기를 주저하는 아이들과는 매우 다른 모습이다. 아이들은 저학년 때에는 손을 잘 든다. 하지만 학년이 높아지면 그저 경청하는 수업을 한다. 아이들이 생각을 말하고 참여하는 수업이 더욱 확대되기를 희망해본다.

[분수를 나타내는 방법에 대해 학교에서 발표하는 쉐인]

[친구들과 리코더를 연주하는 쉐인]

[쉐인의 발표하는 모습]

[학예회를 기다리는 쉐인과 친구들]

[학교에서 학교 알림 손팻말 만들기에 적극적으로 참여하는 쉐인]

1장 : 언어 능력 - 7개 국어 아빠와 3개 국어 아들의 5가지 비밀 | 109

[영어독서를 함께하는 Victor와 Shane]

책처럼 '마이 스토리'를 만들어 함께 롤플레이를 한다

쉐인과 저스틴은 자주 스토리를 만든다. 그리고 그 스토리를 가지고 롤플레이를 한다. 평상시에도 하고 쉐인의 개인 수업 시간에도 한다. 쉐인은 이 스토리를 만드는 것을 매우 즐거워한다. 스토리를 직접 만들며 상상력을 발휘할 수 있기 때문이다.

수업시간에 교재는 하나의 도구일 뿐이다. 교재를 읽어보는 것은 과정의 첫 단계에 불과하다. 중요한 것은 '마이 스토리'를 만들고 롤플레이를 하면서 내 것을 만드는 과정이다.

하지만 우리나라 영어 교육의 대부분이 교재를 쭉 읽어보기만 하고 끝난다. 이 첫 단계를 하고 배움이 끝났다고 착각하는 부모와 선생님들이 대부분이다. 부디 아이들에게 스스로 체험하며 내 것을 만들 수 있는 과정을 많이 만들어주기를 바란다.

대화의 중요성을 간과하고 있지 않은가?

고백하자면, 나는 결혼 후 대화로 문제가 자주 생겼다. 특히 의견이 달라 말다툼을 할 때 더욱 문제가 생겼다.

"신디! 문제 있니? 나에게 기분 나쁜 것이 있어?"
"됐어."
"내가 보기에 문제가 있는 것 같아. 대화가 필요하지 않아?"
"됐다니까."

나는 꼭 설명을 해야 하는 이 상황이 원망스러웠다. 척 보면 알 수 있기를 바랐다. 하지만 그 바람은 곧 포기했다. '화성에서 온 여자, 금성에서 온 남자'라는 말처럼 여자와 남자는 매우 다르다. 아니, 내가 아닌 남은 모두 다르다. 사실 오늘의 나와 어제의 나도 다르다. 그런데 어떻게 말을 안 해도 이해하기를 바랄 수 있을까?

그렇기에 우리는 끊임 없이 서로 소통하고 의견을 나누고 대화해야 한다. 너와 나, 우리와 너희가 다르기 때문에 대화하고 부딪히면서 배우는 것이 생기는 것이다. 다른 생각으로부터 배워나가는 것이 있음을 잊지 말아야 한다.

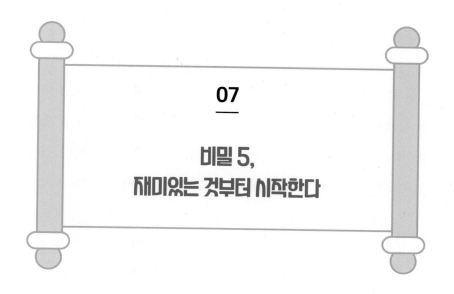

07

비밀 5,
재미있는 것부터 시작한다

흥미 있는 주제의 책부터 읽어 대화 표현을 따 담는다

쉐인에게 책을 읽어주다 보면 특히 흥미 있어 하는 책이 있다. 이런 책은 거의 외우다시피하면서도 계속 읽기를 원한다. 책 속의 대화를 그대로 흉내내는데, 이를 '대화 표현을 따 담는다'고 한다. 책 속에 있는 대화 표현을 생활 속에서도 활용하는 것을 많이 보았다.

아이가 흥미 있어 하는 주제의 책부터 시작하는 것이 좋다. 책을 읽어주는 것은 그래서 일찍 시작해야 한다. 그래야 아이가 흥미 있어 하는 주제가 생기고, 부모 역시 그것을 파악할 수 있는 시간이 생기기 때문이다.

논리적으로 말할 수 있는 훈련은 책을 바탕으로 한다

유대인들은 서로 토론을 할 때 탈무드를 바탕으로 많이 한다. 탈무드를 통해서 '인생의 지혜'를 얻는다고 한다. 탈무드를 통해 토론을 하기 위해서는 논리학, 철학, 의학, 수사학, 역사 등 책을 통한 전반적인 지식이 필요하다. 어렸을 때부터 거실에 TV를 두지 않고 책과 장난감만 가지고 논다고 하니 책을 통한 지식이 방대할 수밖에 없을 것 같다. 이들이 토론을 할 때에 그냥 감정적인 주장이 아닌 책을 통한 방대한 지식을 근거로 하니 논리적일 수밖에 없다.

쉐인과 저스틴이 이야기를 나눌 때에도 정확한 지식을 근거로 한다. 하지만 모든 책을 맹신하지는 않는다. 책을 다독하다 보면 책을 선택하는 안목이 생긴다. 그중에서 내게 필요한 정보들을 정리해서 가지는 것이다. 세상에는 무수한 책과 정보들이 넘쳐난다. 이 책들을 우리가 다 읽을 수는 없다. 그래서 우리 가족은 책 읽기에도 내용을 구조화한다. '구조화학습'은 독서와 학습에 매우 유용한 과정이다.

명확하게 표현하는 습관은 명확한 사고력을 기른다

명확하다는 것은 '간결하고 이해하기 쉽다'는 말이다. 요즘 아이들은 질문을 던졌을 때 흐지부지 말하며 행동하는 아이들이 매우 많다. 듣는 사람을 배려하지 않는 어휘 선택도 많이 볼 수 있다. 저스틴은 쉐인이 명확하게 표현하는 습관을 기르도록 하고 있다. 내가 말하고자 하는 것을 듣는 사람에게 맞게 수정하여 말하도록 한다. 상대가 이해하지 못하는 언어는 무의미하다고 생각하기 때문이다.

'대화의 본질'은 내 의사를 상대에게 정확하게 전달하는 데에 있다고 생각한다. 또한 다시 한 번 강조하지만 명확하게 표현하려면 상대가 무엇을 듣고 싶어하는지도 우선 알아야 한다. 그러기에 저스틴은 쉐인에게 듣는 태도를 매우 강조한다.

"명확하게 표현하려면 우선 잘 들어야 한다. 그리고 간결하고 이해하기 쉽게 말해야 한다."

부분을 보고 전체 또는 다른 부분을 상상하고 이야기해본다

유대인은 아이를 신이 주신 선물이라고 생각한다. 그래서 아이를 기르는 것에 최선을 다한다. 아이를 기르는 것은 '양육과 교육'에 두고 있다. 유대인들은 탈무드를 통해 전체적인 지혜를 얻는다. 그리고 부분적인 지혜를 여러 책을 통해 습득한다. 이렇듯 이들은 전체와 부분의 흐름을 매우 유동적으로 잘 전개한다. 그래서 전체와 부분을 연관 지어 생각할 수 있는 '상상력'과 '창의력'이 매우 뛰어나다. 저스틴은 쉐인에게 질문을 던질 때 항상 이 점을 염두해서 한다.

"부분을 보고 전체를 생각해보기, 전체에서 더 연계될 수 있는 부분을 생각해보기."

아이들과 함께할 수 있는 좋은 이야기거리이며 게임으로 활용할 수도 있다. 이러한 때에도 저스틴이 쉐인에게 큰 칭찬을 아끼지 않을 때는 2가지 경우가 있다. 하나는 다르게 생각했을 때, 다른 하나는 이야기를 논리적으로 했을 때이다. 항상 말할 때 논리 훈련을 하는 것을 잊지 말아야 한다.

일상의 일들의 재미있는 부분을 말해보게 한다

내가 저스틴에게 호감을 갖게 된 부분은 방대한 지혜와 더불어 유쾌한 유머를 활용하는 점이었다. 아는 것이 많은 사람들은 진지하기 마련이다. 하지만, 그는 삶을 즐거운 시선으로 바라볼 수 있었다. 저스틴은 쉐인에게 일상에서 많은 진지한 질문을 던진다. 이러한 진지한 질문들이 항상 진지한 답으로 이어지는 것은 아니다. 때론 진지한 답으로, 때론 생각지 못한 유쾌한 유머로 답을 얻을 때가 있다. 다시 말해 언어 훈련은 힘든 과정이 아니라 삶을 즐거운 시선으로 바라볼 수 있는 과정이기도 하다. 아이에게 같은 상황이라도 다르게 표현하는 재미를 알게 해주자. 그 표현을 익히는 재미가 꽤 크다. 사실과 표현의 차이를 알게 해주자. 아이는 사실을 표현함으로써 세상과 더욱 가까워질 수 있다.

하고 싶은 이야기를 논리 있게 말할 수 있도록 부모가 이끌어준다

나는 13년 동안 학원을 운영하며 많은 아이들과 학부모님들을 만나고 있다. 나는 첫 상담에서 많은 질문을 아이에게 던진다. 그 질문에 답하는 것에 따라 나와의 수업이 어떻게 첫 진행될지가 정해진다.

하지만 아이의 답을 듣고 싶은 내 마음을 이해 못 하는 부모님들이 많다. 아이에게 던진 내 질문을 엄마가 대신 대답해주려는 경우가 많다. 아이는 처음 만난 선생님과의 시간을 뺏긴 것이다. 아이가 본인을 소개하고 본인의 생각을 말할 수 있도록 부모님이 기다려주었으면 한다. 대답할 기회조차 없는데 논리 있게 말할 수 있기를 어찌 기대할 수 있을까?

아이가 하고 싶은 이야기를 논리 있게 말할 수 있도록 부모가 이끌어주기만 하면 된다. 논리 있게 말할 수 있는 아이로 키우면 부모의 수고는 훨씬 줄어든다.

논리 있게 말할 수 있는 아이로 키우려면 부모의 '인내, 끈기'가 필요하다. 인내와 끈기로 아이를 논리 있게 말할 수 있는 아이로 키우면 아이의 자신감은 시간이 지날수록 점점 고취될 것이다.

아이의 의견을 대신 말해줄 수 있는 시간은 한계가 있다. 또한 아이의 인생을 부모가 통제할 수 있는 기간은 생각보다 매우 짧다. 유대인들은 아이를 통제할 수 있는 기간을 13살까지로 본다. 지금 당신의 아이는 몇 살인지 궁금하다. 매우 아쉽게 13살이라고 해도 늦지 않았다. 아니 솔직하게 늦었다. 하지만 전혀 시도도 안 해본 것과는 비교도 할 수 없을 만큼 당신은 훌륭하다. 아이가 논리적으로 말할 수 있도록 부모가 이끌어주고자 하는 훌륭한 부모이기 때문이다.

Why? 모방으로 시작하면 자기 것으로 만드는 과정이 쉬워진다

내가 운영하는 학원에서는 아이와 선생님이 즐거운 수업을 한다. 당연히 효과는 엄청나다.

"집에서도 혼자 흥얼흥얼 영어로 말하네요!"

"아이가 이렇게 영어를 재미있어 할 줄은 상상도 못했어요! 엄마인 저처럼 영어를 두려워할까 봐 겁이 나서 학원을 보내기 망설였는데 말이에요!"

아이가 학원에 있는 원어민 선생님에게 배운 것을 쉽게 활용하는 모습을 보는 엄마는 까무러친다.

그러나 나에게도 난감한 친구들이 있다. 다 그런 것은 아니지만 '고학년 아이들'이다. 이들에게 모방은 고욕이며 난감함이다. 고학년에 나를 찾아온 아이들은 이미 '영어 자신감'이 상당히 떨어지는 아이들이라 입을 떼기조차 두려워한다. 한국에 살면서 영어를 익히는 것은 쉽지는 않은 일이다. 그래서 적절한 때와 최적의 교육 방법이 필요한 것이다. 많은 부모님들이 적절한 때와 최적의 교육 방법으로 아이들에게 자신감을 심어주었으면 좋겠다.

논리적 대화를 모방하면 논리적 어휘력을 만드는 과정이 쉬워진다. 논리적 대화를 위해서는 책의 도움이 필수이다. 이에 따라서 초등 3학년부터는 아이에게 깊이 있는 독서를 할 수 있도록 이끌어주어야 한다. 유대인의 탁월한 언어 능력 비결은 독서에 있다. 이들은 다독도 중요하지만, 정독으로 깊이 있게 읽는 것을 매우 중요하게 생각한다. 읽는 것에서 끝나는 것이 아니라 반드시 토론으로 이어진다. 이 토론이 바로 '논리적 대화'가 되는 것이다. 유대인에게 중요한 『탈무드』는 이들의 주요 토론 소재이다. 사회적으로 성공한 유대인들에게 큰 영향력을 발휘한 책을 인터뷰하면 『탈무드』를 첫 번째로 꼽는다.

깊이 있는 대화는 막연한 상태에서는 힘들다. 책에서 토론 소재에 대한 어휘력을 익힌 후에 말해보는 연습이 필요하다. 언어 훈련은 발산할 수 있도록 적극적으로 반복적인 과정이 필요하다.

■ 신디쌤의 생각1 :
TV와 핸드폰은 논리적 사고의 적이다

TV를 보는 아이와 핸드폰을 하는 아이들은 논리적 생각을 하지 않는다. 아이를 생각하는 아이로 키우고 싶은 부모님, 아이의 논리적 사고력을 키우고 싶은 부모님은 우선적으로 TV와 핸드폰을 자제하게 해야 한다. 부모님 자신도 마찬가지다. 우선 가정의 대화가 필요하다. 수업도 일방적인 강의식 수업이 아닌 발문하는 수업이 되어야 아이들이 생각할 기회를 얻는다.

독서

유대인의
탁월한
언어 능력의 비결!

[김포도서관에서 독서하는 쉐인의 모습]

독서란 무엇인가? 독서는 나를 세상의 중심에서 인간답게 생각하게 한
다. 이런 독서는 언어 능력을 탁월하게 만든다. 따라서 독서의 연결고리
로 스스로 세상과 나를 이어지게 만들 수 있다.

[엄마가 쓴 책을 읽는 쉐인]

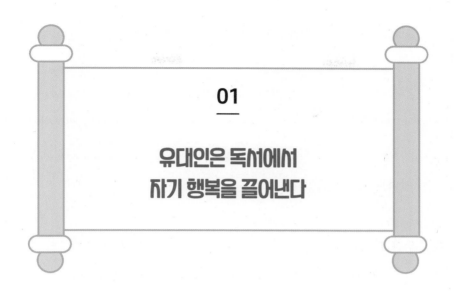

01

유대인은 독서에서
자기 행복을 끌어낸다

나를 중심으로 솔직해지면 행복하다

독서의 연결고리를 나를 중심으로 하여 세상과 이어지게 한다는 독서 개념은 유대인 남편 저스틴을 보고 배웠다. 가족을 위해, 미래를 위해 현재의 나를 양보해야 하는 것이 아님을 배웠다. 우리는 어렸을 때부터 나보다는 가족 혹은 타인을 위해 양보하기를 권유받았다. 이 과정에서 마음에 상처를 받는 경우가 많다. 특히 가족을 위해 애쓴 엄마들의 '화병'은 외국에는 없는 한국의 고유한 단어이다. 그러나 저스틴처럼 자신의 감정에 솔직해지면 마음에 상처도 없다.

"나는 이렇게 살 수 없어."

남편 저스틴이 내가 제시한 가장으로서의 희생에 반박했던 말이다. 유대인은 무엇보다 자기 자신을 소중하게 여긴다. 자기 자신이 행복해야다른 사람을 행복하게 해줄 수 있다고 생각한다. 가만 생각해보니 그것이 맞다는 생각이 들었다.

우선 스스로 휴식이 필요하다고 생각이 들면 자신을 위한 휴식부터 갖는다. 그리고 그 휴식 후에는 가족을 위해 최선을 다한다. 그의 생각이맞다. 내가 행복해야 가족이 행복하다. 내가 행복해야 가족의 행복을 위해 최선을 다할 수 있다.

행복한 독서가 행복한 나를 만든다

나는 어떠한가? 내가 희생을 하면 나중에 가족들이 알아주겠지 생각하고 또 알아주지 않으면 내심 서운해했다. 이러한 사고는 읽을 책을 선택하는 기준에서도 나타난다. 나의 책 선택은 자기 발전, 자기 계발 분야가대부분이다. 하지만 저스틴의 책 선택은 철학적인 분야가 대부분이다.남의 성공 이야기를 읽고 따라 하고자 하는 나의 선택과는 달리 저스틴은 근본적 자기 성찰을 하고자 한다.

나의 사고가 단편적이라고 하면 저스틴의 사고는 폭이 넓고 깊다. 이러하니 나의 독서 리스트는 거의 이어지지 않는다. 하지만 저스틴의 독서 리스트는 매우 연계성이 있다. 따라서 연계성 있는 지식과 지혜로 확장이 되는 듯하다. 독서를 하여 성공을 하였거나 큰 깨달음을 얻은 사람들의 일관성 있는 주장 중 하나와 통한다. '연계성 있는 독서'다.

이러한 독서는 독서하는 재미를 더 향상시킨다. 책을 읽는 도중에도 다음에 읽을 책을 기대하며 읽게 된다. 이것이 바로 우리가 권하는 '행복한 독서'이다.

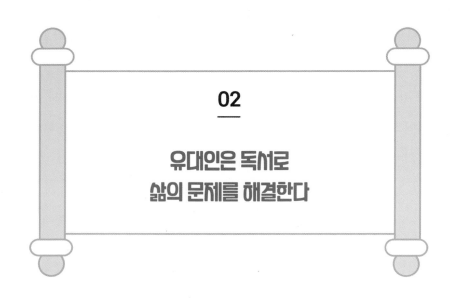

02
유대인은 독서로
삶의 문제를 해결한다

다양한 독서는 의무다

유대인은 자녀를 키우는 것에서 교육이 우선이라고 생각한다. 아니, 자녀를 키우는 것은 교육이 전부라고 생각한다. 이 교육에서 중요한 것은 독서인데, 이는 선택이 아닌 의무다. 의무라고 생각하면 더 적극적으로 독서할 수 있다.

많은 유대인들이 사회적으로 성공한 이유는 그들의 생활에 일관적인 습관이 배어 있다는 것이다. 소수 민족인 유대인이 사회, 경제, 과학, 의학 등 모든 면에서 탁월한 이유는 무엇일까? 바로 '탁월한 독서'를 하였기 때문이다. 그래서 저스틴은 쉐인에게 독서를 권할 때 다양한 분야의 독서를 권하고 있다. 현재는 다양한 분야의 독서를 꼭 해야 할 때이다. 그리고 쉐인이 자라면 더 관심있는 분야에서 스스로 자기 발전을 찾으며 독서를 깊이 있게 할 수 있을 것이다. 저스틴이 권하는 '다양한 분야의 독서'는 쉐인의 평생 학습력과 사회성을 높여 줄 것이다.

책이 사회성을 높일 수 있다

나는 만나는 사람과 의견이 다를 경우 설득하기보다는 포기하는 경우가 많다. 아이와 달리 성인은 설득하기가 매우 힘들다. 다르게 생각함을 이해하고 끝내는 경우가 대부분이었다. 하지만 저스틴은 본인의 생각이 옳다고 생각한 경우, 끝까지 논쟁한다. 그리고 기꺼이 논쟁을 한 상대에게 감사함을 표시한다.

이러한 모습을 바라볼 때 처음에 나는 꽤 충격적이었다. '왜 감정을 소모하지? 왜 다른 의견과 충돌하려 할까?'라고 생각했다. 하지만 나의 생각은 틀렸다. 다른 의견이 없이 거의 같은 의견을 가진 나의 사회적 그룹과 달리 저스틴은 매우 다양한 그룹의 사람들을 만나고 있기 때문이다.

나는 저스틴을 만난 후부터 다양한 주제의 책을 읽고 다양한 사람을 만나게 되었다. 삶이 더욱 재미있어졌다. 한정될 뻔한 나의 삶을 다양한 모습으로 이끌어준 저스틴에게 감사한다.

책은 이렇듯 사회성을 높일 수 있는 매우 좋은 방법이다. 유대인은 독서를 통해 자기 발전을 찾으며 삶의 문제를 해결한다. 독서가 하나의 취미가 될 수 없는 그들의 이유이다.

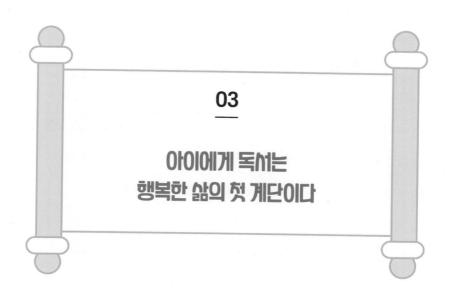

03

아이에게 독서는
행복한 삶의 첫 계단이다

책은 행복에 다가가는 도구다

독서는 유대인이 가장 중요하게 생각하는 '행복'이라는 감정에 가장 충실하게 다가갈 수 있는 도구이다. 독서는 아이의 꿈을 키워주는 장난감이다. 미국의 서점에서 나는 아이들의 이름별로 책을 구입할 수 있는 것을 보았다. 『Jessica, Let's Play Outside』,『Bed Time for Emily』이렇게 자신의 이름이 들어간 책들을 장난감처럼 구입할 수 있었다. 내 이름의 특별한 책을 장난감처럼 침대 위에 두고 계속해서 엄마에게 읽어달라고 한다. 이것이 아이의 첫 장난감 책이 되는 것이다.

행복을 느끼게 독서 장난감을 갖고 놀게 하라

앞에서 유대인은 아이들이 책과 장난감으로 시간을 보내게 한다고 했다. 유대인 아이들은 TV를 거의 보지 않는다. 예전에는 거실에 TV를 두지 않았지만 요즘에는 선택적으로 보게 한다. 아이들에게 책과 장난감으로 시간을 보내게 하니 형제들간에 유대관계가 매우 좋다.

저스틴은 여동생과 6명의 사촌들이 있다. 이들은 성인이 되어서도 계속 좋은 관계를 유지하고 있다. 따라서 결혼을 한 후 그들이 낳은 자녀들까지 좋은 관계를 갖고 있다. 나는 이러한 분위기가 한국의 대가족제도와 매우 비슷하다는 생각이 든다. 가족과 교육을 중요시하였던 것이 우리의 옛모습과 많이 닮았다.

하지만 요즘은 핸드폰과 TV로 형제간의 대화가 부족해진 게 사실이다. 난 아이들의 시선이 핸드폰과 TV에서 책으로 옮겨가기를 원한다. 대화를 하고 상상력을 발휘하는 아이들의 모습은 사랑스럽다.

습관이 매우 중요하다. 아이들이 시간이 생길 때 TV 리모컨이나 핸드폰을 들지 않게 하자. 아이들의 주변에 책을 손쉽게 집을 수 있게 해주면 아이들의 습관이 바뀔 수 있다.

아이들이 독서를 통해 행복감을 느낄 수 있게 해주자. 아이는 부모가 읽어주는 따뜻한 분위기에 행복감을 느낀다. 또한 책의 내용을 계속 상상하며 행복감을 느낀다.

[집에서도 편하게 독서하는 쉐인]

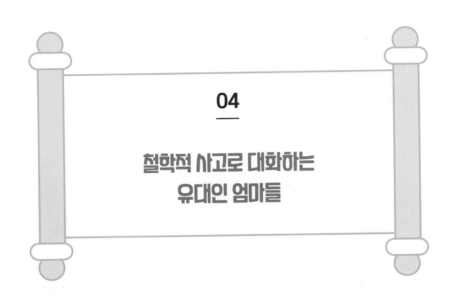

04

철학적 사고로 대화하는
유대인 엄마들

독서로 엄마의 사고가 깊어지면 아이의 사고도 깊어진다

　신의 고유한 가치를 믿는 것, 이런 철학적 사고를 어릴 적부터 엄마가 길러줄 수 있다. 철학적 사고로 대화하는 유대인 엄마들은 아이들에게 '공감 능력과 창조적 상상력'을 듬뿍 키워주고 있다. 문제집 한 장이라도 더 풀게 하는 것이 아닌 '아이의 생각'을 끄집어내는 것이 우선이다.

　내가 미국에서 가장 감동받은 일은 아이와 대화하는 엄마의 모습이다. 아이를 아무것도 모르는 아이로 대하는 한국 엄마와 달리 마음속 깊이 존중함을 보이는 유대인 엄마들의 모습에서 나는 많은 것을 배웠다.

엄마가 아이를 존중하며 대화를 하니 아이의 대답과 행동은 매우 의젓했다. 한국 아이들에 비해 책임감 있는 모습이 매우 놀라웠다.

한국 아이들은 학업에 치이다 보니 대부분의 일을 엄마가 대신 해준다. 방 정리, 빨래, 설거지 등을 아이가 하는 경우를 별로 못 보았다. 하지만 유대인 아이들은 방정리를 스스로 한다. 식사를 하고 나면 각자 먹은 그릇을 옮기고 테이블을 닦는다. 이러한 때에도 쉴 새 없이 대화가 오간다.

아이의 수준 높은 언어 능력은 부모에게 달려 있다

아이의 언어 능력은 부모의 양육 방법에 따라 많이 차이가 난다. 말이 많은 부모는 어휘를 다양하게 사용하여 아이 역시 많은 어휘를 익힐 수 있다. 또한 이러한 어휘들이 고급스럽고 수준 높으면 아이에게도 큰 영향을 끼친다.

아이들이 나쁜 말을 쓰게 된 경우, 내가 이해시키는 방법이 있다.

"왜 그런 말을 쓰게 되었니?"
"기분이 나빠서요…."

"만약 누가 너에게 그런 말을 쓰면 너의 기분은 어떨까?"

"나쁠 거예요…."

"맞아. 기분 나쁠 때마다 나쁜 말을 쓰다 보면 어른이 돼서도 습관이 될 수 있어. 엄마 아빠가 되어서도 그런 나쁜 말을 쓴다면 아이 마음은 어떨까?"

아이는 곰곰이 생각해보고 대답한다.

"아주아주 나쁠 거예요! 지금부터 기분이 나빠도 나쁜 말은 쓰지 않을 거예요!"

언어를 사용하는 것을 보면 그 사람의 인격도 가늠할 수 있다. 아이의 언어 사용을 부모가 적극적으로 관여해서 지도해주어야 한다. 책이 그중 매우 쉽고 중요한 방법이다. 책을 통해 바른 언어를 익히고 독서의 한 과정인 토론을 엄마와 함께하기를 권한다.

핵심자존감을 만드는 엄마와의 대화

어릴 적 아이들은 엄마와 대화하기를 좋아한다. 0~3세에 '핵심자존감'이 형성된다고 한다. 이 시기에 많은 시간을 함께하는 엄마가 이 핵심자존감을 형성시켜줄 수 있는 가장 중요한 사람이다. 학습을 시키기 전에 아이와 눈을 마주치고 깊이 있는 대화를 해보자.

'나는 누구인가?'
'나는 왜 사는가?'
'나는 무엇을 위해 살아야 하는가?'

이것은 실리콘밸리의 천재들인 엑스프라이즈 재단 회장 피터 디아만디스, 싱귤래리티 대학교 학장 살림 이스마일, 마이크로소프트 CEO 사티아 나델라, 스탠퍼드대 D스쿨 공동 창업자 버나드 로스 등이 깊이 생각하고, 글로 쓰고, 다른 사람들과 나누기를 권하는 3가지 주제들이다.

엄마와 나눈 철학적 사고의 대화는 아이가 성장함에 따라 주제를 확장시킬 수 있다. 아이의 성장에 따라 엄마와 나누는 철학적 사고가 깊어지는 것은 상상만 해도 멋지고 신비로운 일이다.

아이의 옆에서 성장하는 엄마의 모습을 보여주자

아이는 부모를 존경한다. 부모를 존경하고 싶어 한다. 이러한 아이 앞에서 책보다는 TV 리모컨을 가까이하는 모습은 좋지 않다. 아이가 책을

[아빠, 엄마가 노력하는 모습을 보여주자]

보기를 바란다면 부모가 먼저 책을 보면 된다. 아이가 철학적 사고를 가진 사람으로 자라길 원하다면 철학적 사고로 대화하는 엄마가 되자. '철학적 사고'를 하는 좋은 방법은 첫 번째 '질문하기'이다. 질문에 답을 하기 위해서는 생각을 하게 된다. 생각하는 아이로 자라기 위해서 질문하는 부모가 되는 것은 매우 쉽고 좋은 방법이다.

대화를 하고 나서 무언가 남지 않고 시간만 허비했다는 느낌이 들 때가 있다. 가끔은 수다를 떨며 감정을 공유하는 것도 필요할 것이다. 하지만 대부분의 시간을 수다를 떨며 보내는 것은 좋지 않다.

많은 젊은 엄마들이 예쁜 몸매를 위해 다이어트를 한다. 자신을 꾸미는 것에 나는 매우 크게 찬성을 한다. 나이가 들수록 매력이 풍겨나는 사람들은 계속하여 자기를 계발하는 사람들이다. 60살이 넘은 나이에 운동을 꾸준히 하여 탄탄한 몸매를 가진 사람들을 많이 보았다. 참 대단하고 존경스럽다. 그들이 하는 공통적인 말이 있다.

"뭐 별로 어렵지 않아요. 꾸준히만 하면 되는 거지."

많은 사람들이 '꾸준히'를 어려워한다. 이게 바로 '그릿(GRIT)'이다. 그릿은 지속적으로 포기하지 않고 해내는 힘이다. 나는 엄마들이 그릿의 힘을 다이어트, 운동뿐만 아니라 독서에서도 발휘하기를 바란다. 살을 빼고자 체중계에 집착했다면 나의 지성을 위해서 책장을 채우는 것에 집착해보자. 아이에게 성장하고자 노력하는 엄마의 모습은 그 무엇보다 좋은 학습이다.

[풀마라톤을 마치고 사회자 배동성님과 함께]

[저스틴과 신디가 소속되어 있는 김포한강마라톤에 참여하는 쉐인]

■ 신디샘의 생각 2 :
 부모의 하브루타 독서는 어떻게 하는가?

사교육 현장에서 부모님께 자주 받는 고민과 질문이 있다. 이는 늘상 받는 질문이며 나의 대답은 한결같다.

"신디샘, 주위에서 독서가 중요하다고 하는데 우리 아이는 책을 전혀 읽지 않아요!"

"고민이 많이 되시겠네요…. 어머님은 책을 매일 읽으시나요?"

"저요? 아니, 저는…. "

하고 말 끝을 흐리신다.

아이가 독서 습관을 갖게 하는 아주 명확한 비법은 '엄마와 함께 읽는 가족독서문화 만들기'이다. 독서는 삶을 윤택하게 만들어주는 신께서 내려주신 선물이다. 나는 신을 떠나 '책을 좋아하는 나'를 만들어주신 나의 부모님께 감사한다. 당신의 아이도 미래에 '책을 좋아하는 나'를 만들어주신 당신에게 깊이 감사할 날이 분명 올 것이다.

부모의 독서 선택은 일반인들과 조금 달라야 한다. 왜냐하면 지금 우리는 생각하는 아이를 위한 하브루타 독서를 목적으로 하기 때문이다. 성인들은 주로 마음에 힐링을 주는 '위안독서'를 많이 한다. 나는 부모님들에게 이 3권의 책을 '하브루타를 위한 책'으로 권하고 싶다.

첫 번째는 『How to Read a Book』(모티마 J. 애들러, 찰스 반 도렌)이다.

책을 읽으며 저자에게 질문할 수 있는 '15가지 질문도구'를 알려준다. 독서는 저자와 질문하며 대화하는 행위이다. 이때에 이 15가지 질문도구를 활용하면 책의 마지막장을 덮을 때 항상 통찰력이 생길 것이라 확신한다. 이 질문도구를 가지고 책을 읽느냐 아니냐는 매우 큰 차이가 있음을 실감할 수 있을 것이다. 끊임없이 나오는 많은 책들 중에서 62년이 지나도 진리가 되는 책이다.

두 번째는 『Critical Thinking』(M. 닐 브라운, 스튜어트 M. 킬리)이다.

이 책 역시 11가지 질문도구를 친절하게 알려준다. 유대인의 하브루타는 생각나는 대로 마구 질문하는 것이 아니다. 또한 상상력이 좋다고 하여 연결되지 않는 것을 떠올리는 것이 아니다. 반드시 근거에 의해 가정할 수 있도록 하는 것이 유대인의 하브루타이다. 이러한 근거를 바탕으로 하기에 비판적 사고 능력을 기를 수 있는 것이다. 이 책을 읽는 젊은 엄마들(초창기 수능세대)은 대부분 이러한 비판적 사고 능력을 키울 기회가 별로 없었다. 따라서 아이에게 이러한 능력을 키워주기에 적극적으로 이러한 책의 도움을 받기를 권하고 싶다.

세 번째는 『옥스퍼드식 개념 사고법』(존 윌슨)이다.

이 책은 단어의 뉘앙스와 의미를 알게 해주는 책이다. 예를 들면 고래는 포유류인가? 물고기인가? 물고기를 어떻게 정의하느냐에 따라 답이 달라질 수 있다. 이렇듯 대화 또는 책을 읽을 때 , 알고 있는 단어의 의미가 바뀔 수 있다는 것을 알아야 한다. 따라서 대화 상대가 사용하는 핵심 단어의 의미를 파악해야 한다. 그렇지 않으면 의사소통을 제대로 하지 못하는 것이다. 아이들에게 같은 단어라도 여러 의미가 있음을 알게 해주는 것이 중요한 이유다. 이러한 독서법을 알게 된 후 책을 읽게 되면, 책의 주제와 결론, 이유 등이 매우 명확해진다. '저자가 말하는 이유가 타당한가? 타당하지 않는가?' 등을 스스로 생각해보는 아이가 될 수 있다.

또 하나를 덧붙인다면, 생각하는 독서를 권하고 싶다. 독서는 눈으로 그냥 보고 끝나는 것이 아니다. 반드시 생각하는 독서가 되어야 한다. 나는 이를 멋지게 '사색하는 인문학독서'라고 표현한다. 아이에게 "넌 생각이 없니? 무슨 생각을 하며 사니?"라며 상처줄 것이 아니라 아이의 연령에 맞는 철학, 역사, 과학, 수학 등의 책을 무한공급해주자. 지갑에 돈을 전혀 쓰지 않고도 아이에게 책을 무한공급해줄 수 있는 방법은 널려 있다. 나는 내 주변의 모든 사람에게 책의 중요성을 알리는 영어학원 원장이다. 언제든지 궁금하고 막힐 때 연락을 주면 최대한 도움을 주겠다. 나의 연락처는 010-2289-5826이다. 항상 변함없는 번호이다. 나는 어제보다 나은 오늘을 사는 당신을 매우 뜨거운 가슴으로 응원한다.

영재독서법을 하게 되면 부모와 아이의 의식이 바뀌게 된다. 의식이 바뀌면 부모와 아이가 책 선택 기준을 스스로 정할 수 있다. 저스틴과 나는 영재독서법과 행복독서법을 같게 생각한다. 우리가 생각하는 행복은 그저 감정의 평온함을 말하는 행복이 아니다. 우리의 행복은 '지적 행복'이다. 살면서 나 자신과 나의 삶을 긍정적으로 생각하는 '만족의 행복'이다. 우리는 행복의 정의를 각자가 스스로 내릴 수 있다. 일상적으로 편한 일만 하던 것을 멈추고 하지 않던 일을 해보는 것도 행복이다. 따라서 시련도 행복이고 실패도 행복이다. 작은 시련에 무너지고 좌절하는 것이 아닌 '행복한 부모, 행복한 아이'가 되는 것이다.

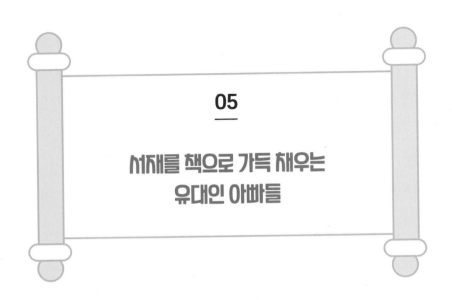

05

서재를 책으로 가득 채우는 유대인 아빠들

가득 찬 책장이 분위기를 만든다

저스틴은 분위기 있는 사람이다. 나이에 비해 그윽함이 있는 모습이 매우 매력적이다. 그의 집을 처음 방문하였을 때 그 이유를 알게 되었다. 그의 방이 책으로 가득 채워져 있는 것이었다. 그의 방뿐만 아니라 그의 아버지, 어머니, 여동생까지 가족 모두 각자의 책장이 멋지게 진열되어 있었다. 나는 온 집안 사람들에게서 그윽함이 느껴지는 시댁을 사랑한 다.

미래를 믿고 함께할 수 있겠다는 확신은 책장을 보고 들었다. 내가 저스틴과의 결혼을 결심하게 된 이유이기도 하다.

한국 아빠들의 변화

예전에는 한국 아빠들은 술과 일로 대부분의 시간을 보내고 아이에게 돈으로 보상하려 하였다. 하지만 요즘은 아빠들이 많이 변하였다. 자기 계발을 하는 모습뿐만 아니라 가족과 함께하는 시간을 의도적으로 늘리려고 하고 있다. 이러한 젊은 아빠들의 모습이 참으로 보기 좋다. 요즘은 교육에도 적극적으로 참여하는 모습을 보인다. 책을 함께 읽기도 하고 학원을 직접 가서 상담하는 아빠들도 많다. 엄마에게만 교육을 맡기는 가정보다 부모가 함께 참여할 경우 아이들이 훨씬 책임감 있게 따라오는 모습을 볼 수 있다. 지금보다 더욱 많은 가정에서 아빠들이 아이와 행복한 시간을 보냈으면 한다. 아빠와 놀기, 아빠와 책 읽기, 아빠와 숙제하기, 아빠와 여행하기…. 아이들은 어렸을 적 아빠와 보낸 시간들을 매우 행복하게 보물처럼 두고두고 간직할 것이다.

쉐인이 이제 예비 4학년이 되면서 시작하는 프로젝트가 있다. 독서의 한 과정인 소논문 쓰기를 아빠와 시작하는 것이다. 저스틴은 쉐인과 미국의 2가지 정당에 대해서도 이야기를 나눈다. 그리고 저스틴이 지지하는 정당에 대한 설명과 그에 따른 이유를 진지하게 말해준다. 그리고 그러한 이야기를 듣고 질문하고 대답을 한다. 글쓰는 방법을 배우며 이러한 과정들을 써 내려가면 된다.

글쓰기를 많이 어려워하는 아이들이 많다. 이는 방법을 알려주지 않고 공책과 연필을 주고 마냥 스스로 쓰게 하기 때문이다. 아이들은 즐겁고 바른 방법을 알려주면 매우 잘 따라 한다. 거기에 상상도 못 한 표현력까지 발휘한다. 성장 과정에서 아빠와 이야기 나누며 나눈 주제들은 아이에게 큰 도움이 된다. 인간이 갖게 되는 성찰에 관해 어릴 때부터 아이와 천천히 접근하는 것이다.

유대인의 대화는 보이지 않는 것을 생각하게 한다

저스틴은 쉐인과 이야기를 나눌 때 사물을 두고 느낌을 이야기하게 한다.

"쉐인, 지금 타고 있는 자동차의 보이지 않는 안에는 어떤게 있을까?"
"음…. 자동차를 움직이게 하는 오일을 담는 큰 통이 있을 것 같아요."

그리고 또 곰곰이 생각한 후에 말한다.

"그 오일과 자동차를 움직이게 하는 공룡 같은 큰 에너지가 자동차 안에 가득할 것 같아요."

자동차라는 사물은 구체화이고, 에너지가 있을 것 같다는 느낌은 추상화이다. 눈에 보이는 것만 생각하는 것은 한계를 두는 것이다. 눈에 보이는 것을 가지고 눈에 보이지 않는 것을 생각하는 것은 유대인들의 특징이다.

유대인들의 창의력은 생각의 한계를 두지 않는 것에서 더 크게 발휘되었다. 저스틴과 같은 유대인들의 생각은 '보이지 않는 금융'을 발전시켰다. 겉으로 보이는 현실 외에 보이지 않는 본질도 있음을 알게 하자. 일상에서 모든 것을 추상화해보는 생각의 힘을 아이에게 갖게 하자. 그러면 부모는 놀라운 아이의 창의력으로 세상에 없는 것을 발견할 수 있을 것이다. 부모로서 가질 수 있는 특별한 기쁨은 상상하지 못한 아이의 능력을 발견할 때가 아닌가 싶다.

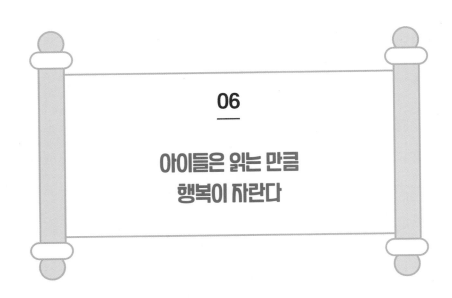

06

아이들은 읽는 만큼
행복이 자란다

책을 읽는 즐거움을 알아가는 행복

책을 읽는 즐거움을 알아간다는 것은 매우 큰 행복이다. 저스틴과 나는 책을 읽는 즐거움을 쉐인에게 알려주기 위해 많은 노력을 기울였다. 사람을 만나며 행복을 느끼는 것 이상으로 책을 통해 지혜를 깨달으며 행복할 수 있음을 알기 바랐다. 그래서 쉐인의 성장 과정에 따른 책을 신중하게 선택하고 읽을 수 있도록 하였다. 책을 통해 우리 가족은 소통하며 성장하며 행복을 공유한다. 우리 가족은 유대인 가족이지만 쉐인에게 종교적인 책을 일부러 읽게 하지는 않았다. 어느 때인가 쉐인 스스로 히브리어를 알고자 했고 유대교에 대한 질문을 시작했다. 그러한 때에 우리는 아이의 연령에 맞는 유대교에 관한 책을 권해주었다.

"엄마! 히브리어는 세종대왕이 만든 훈민정음하고 비슷해요! 점과 선으로 글자를 만들고 소리내도록 되어 있어요!"

그리고는 히브리어를 며칠동안 보고 읽더니 히브리어 알파벳을 다 익혔다. 쉐인은 호기심으로 시작한 분야의 책을 읽을 때 매우 행복해 했다.

독서와 사색은 문제해결 능력을 키워준다

독서는 사색이 동반되어야 하고 어릴 때 사색은 부모로부터 시작된다. 책을 읽는 아이의 모습을 바라본 적이 있는가? 때로는 이마를 찌푸리며 깊은 생각을 하기도 하고 때로는 미소를 짓는 모습을 나는 본 적이 있다. 이 모습은 아이가 책을 단순히 눈으로 읽는 것이 아니라 사색을 동반한 독서를 한다고 볼 수 있다. 이 사색은 행복한 마음을 갖게 한다. 행복한 아이는 어떠한 어려움을 접해도 문제해결 능력을 발휘한다. 문제해결 능력은 정신적 단련과 같다. 사소한 어려움을 접할 때마다 부모가 도와줄 수 없다. 아이는 사소한 어려움에 당황하지 않고 여유를 갖고 해결하는 능력을 갖게 된다. 살면서 부딪히는 어려움은 전혀 없을 수 없다. 그러한 어려움을 본인 힘으로 해결한 아이는 삶이 여유 있고 행복하다.

우리의 시간은 매우 짧다. 한계성이 있는 시간을 내게 유용한 독서를 하고자 하면 계획이 필요하다. 나 자신도 마찬가지이지만 부모인 우리에게는 아이의 독서도 정확한 계획이 필요하다. 따라서 우리는 책을 읽기 전 아이의 생각을 묻는다.

"지난 번 읽은 책은 어땠니?"

이렇게 물어보고 더 알고자 하는 부분에 대해 책을 권유해준다. 내가 알고자 하는 욕구가 있으면 더 집중하게 된다. 내가 이해해야 하는 사실에 배경지식이 있으면 더욱 이해가 쉽다. 이렇게 알게 되는 과정들이 모두 행복이다. 먹는 것, 입는 것, 자는 것 이런 기본적인 욕구들이 모두 행복과 이어진다. 독서하는 과정도 행복과 이어져야 한다. 이는 아이가 먹고 싶은 욕구를 느끼듯이 책을 읽고 싶은 욕구를 스스로 가지게 된다는 말과 같다. 욕구를 충족하면 우리는 행복하다.

아이의 성장 발달에 따라 적절한 자극이 필요하다

아이들의 시간은 소중하다. 지나고 나면 다시는 되돌릴 수 없다. 그래서 부모님과 선생님의 조력자로서 최선을 다해야 한다. 아이의 성장 과정에 따른 시기별 독서는 아이의 인생을 알알이 탄탄하게 만들어줄 거목의 뿌리가 되어줄 것이다. 독서는 아이를 크게 만들어준다. 아이의 몸을 위해서 식단에 신경을 많이 쓰는 것이 엄마이다. 여기에 아이의 내면을 크게 성장시킬 독서를 하게 하는 엄마가 되었으면 한다. 아이는 좋은 음식을 먹는 만큼 키가 자라고 좋은 책을 읽는 만큼 내면이 자란다.

0~3살에는 언어, 신체, 정서가 발달할 수 있도록 많은 책을 읽어주자. 눈을 맞추고 손을 잡아 가까이 안고서 사랑을 느끼며 책을 읽어주자. 그러면 아이는 책을 사랑의 도구로 인식하게 된다. 책을 들고 오는 부모의 모습은 정서적으로 안정감을 주게 된다. 이런 아이가 성장하면 책 읽기를 좋아하지 않을 수 없다. 모든 좋은 습관은 꾸준해야 한다.

0~3살 시기에 책 읽기에 최선을 다했다면 3~5살 시기에는 폭발적 상상력과 사고력을 계발시키자. 호기심이 많은 이 시기에 아이들은 질문들이 쏟아져 나온다. 이 시기에 질문에 정성껏 답해주자. 부모에게 존중받는다는 생각을 갖게 되면 아이의 자존감은 높아진다.

5~7살 시기에는 학습적인 뇌 발달을 기대할 수 있다. 이 시기에는 아이들에게 학습은 놀이가 된다. 새로운 것을 탐색한다는 것이 매우 즐거운 시기이다. 그러나 아이에게 부담을 주는 학습이 아닌 놀이로 느껴질 수 있는, 새로운 것들을 알게 하는 책들은 앞으로 이어질 학교에서의 통합교과 과정에 커다란 도움을 줄 것이다.

3 장

하브루타

하브루타를
가족 문화로
만들어라

아이에게 독서 습관을 만들어주는 것은 결코 쉬운 일이 아니다. 이는 가족의 일상에 녹아 문화가 되어야 한다. 저스틴과 나는 독서를 가족문화로 만들기 위해 의도적인 노력을 기울였다. 독서를 통하여 아이가 표현해내는 언어 능력에 많이 놀라고 기쁜 순간들이 많았다. 쉐인이 독서와 대화를 '가족문화'로 받아들여 행복한 성장을 이어나가길 바라고 있다.

[미국 계절학교에서 이스라엘 대표가 된 쉐인]

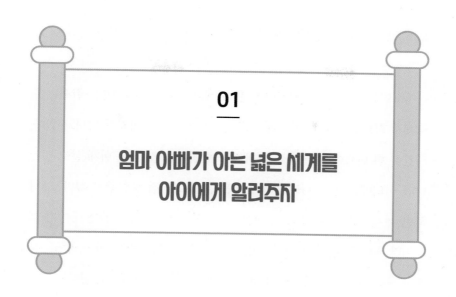

01

엄마 아빠가 아는 넓은 세계를 아이에게 알려주자

더 넓은 세계를 알려줘라

"아빠, 남미는 미국이에요?"

쉐인이 지난 겨울방학 미국을 방문했을 때 던진 질문이다. 쉐인은 태어난 첫 해부터 미국을 매년 2회 다녀오고 있다. 10살 쉐인은 미국만 20회 다녀왔다. 그래서 미국은 매우 친숙하게 생각하지만 다른 나라들은 직접 가볼 기회가 적었다. 저스틴은 이와 달리 어렸을 때부터 많은 나라들을 다녀왔다. 미국에서 태어나 여행을 좋아하시는 부모님과 남미에 휴가차 많이 방문했다고 한다. 그리고 유대인이기에 이스라엘에서 머물기도 하였다. 쉐인도 13세가 되면 이스라엘을 방문할 예정이다.

저스틴과 나는 쉐인에게 더 많은 세계를 알려줄 계획이다. 현재는 한 국에서 학교를 다니고 여름과 겨울에 미국에서 계절학교를 다니고 있다. 시간을 더 만들어 다른 나라를 계획하여 방문할 것이다. 현재 살고 있는 나라 이외에도 많은 나라들이 있음을 눈으로 직접 보여주고 싶다. 왜냐 하면 세계를 눈으로 담고 큰 꿈을 가진 사람으로 성장하기를 바라기 때 문이다. 나라는 존재가 지금은 김포에 살고 있지만 한국, 미국, 중국, 유 럽… 등등 얼마든지 확대하여 누비며 살 수 있음을 알려주고 싶다.

책을 통해 세계를 알고 상상하게 하라

우리는 부모로서의 이런 바람을 아이에게 책의 언어로 알려주고 있다.
직접 눈으로 경험하는 것도 좋지만, 책의 언어로 세계를 알려주면 좋 은 점이 있다. 아이가 상상력을 발휘하게 된다. 바다도 상상하고 시장도 상상하고 동물원도 상상한다.

그래서 우리는 많은 책 중에 세계를 주제로 한 것을 더욱 좋아한다. 우 리나라가 아닌 다른 나라가 배경이 된 책들도 좋다. 나를 중심으로 현재 의 김포에서 경기도, 한국, 중국, 일본, 태평양을 건너 미국, 남미, 유럽,

아프리카까지 아이가 책을 통해 상상력을 발휘할 배경은 무궁무진하다. 이러한 책의 이야기에 엄마 아빠의 경험담을 담아 이야기해주면 아이는 더욱 흥미롭게 듣는다.

요즘은 유튜브를 통해 쉐인은 세계의 이야기를 보기를 좋아한다. 세계를 책으로 접하고 다양한 매체를 통해 여러 방면을 알게 된다. 사는 사람들의 모습, 생각, 문화, 풍습 등이 매우 다양함을 알게 된다.

이제 고학년이 되면 자기의 역할에 대해서도 우리는 더욱 자세히 이야기 나누려 한다. 가난한 나라에 봉사하는 젊은이들의 모습도 많이 보여주려 한다. 이는 개인의 행복 추구를 넘어서 세계를 무대로 꿈과 비전을 갖출 수 있기를 바라는 마음이다. 엄마, 아빠가 알게 된 넓은 세계를 책의 언어로 아이에게 알려주자. 아이의 반짝이는 눈빛, 두근거리는 심장을 느낄 수 있을 것이다.

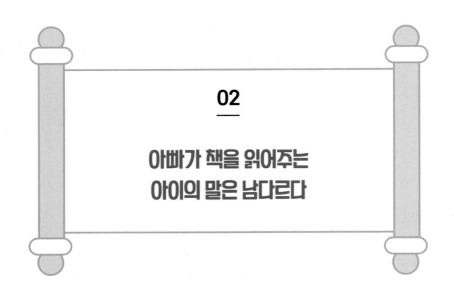

02

아빠가 책을 읽어주는
아이의 말은 남다르다

아빠가 읽어주는 사랑의 언어들

아들 쉐인은 아빠와의 독서 시간을 매우 좋아한다. 한글과 영어를 잘 읽는 아이이지만 아빠는 지금도 책을 읽어준다. 남편 저스틴은 아들과 책 읽는 시간을 좋아한다. 아들을 옆에 안고 과장된 몸짓과 억양으로 책을 읽어준다. 옆에서 보는 나도 웃음이 난다. 둘이서 함께 보는 책은 거의 창작 스토리이다. 그래서 중간중간 전개될 내용을 함께 예측해보기도 한다. 이 과정에서 아이는 상상력이 크게 발휘된다. 아들과 아빠의 상상력을 가미하여 책을 읽는 시간은 우리 가족의 가장 달콤한 시간이다.

대부분 아이의 정서가 안정되어 보이는 아이들은 아빠의 역할이 크다는 공통점이 있다. 서점에 가면 아빠가 쓴 육아 책을 많이 볼 수 있다. 이러한 책들을 읽어보면 너무나 정성을 들인 아빠의 모습에 큰 감동을 받는다. 책에는 아직 말을 자유롭게 못 하는 아이와 놀아주는 법, 딸과 노는 법, 아들과 노는 법, 집안에서 노는 법, 바깥에서 노는 법 등 다양한 내용이 실려 있다. 따라서 얼마든지 초보 아빠들도 좋은 아빠가 될 수 있다. 아빠는 처음이라 어색한가? 그래서 아이를 엄마에게 맡기고 있다고 말하지 않는가? 그러한 엄마도 초보이긴 마찬가지이다. 요즘은 이런 초보 부모를 위한 부모학교가 많이 생겼다. 그래서 얼마든지 좋은 부모가 될 수 있는 방법들은 노력으로 찾을 수 있다.

좋은 아빠가 되는 가장 확실한 방법은 책 읽어주기다

좋은 부모가 되는 방법 중에 제일 좋고 확실한 것은 책을 읽어주는 것이다. 아이가 어릴 때에는 책을 읽어주는 것으로 시작하여 함께 지속적으로 독서하는 것이 좋다. 아빠가 들려주는 이야기들을 듣고 아이들은 상상의 나래를 펼친다. 아빠에게 질문을 하며 이 세상에 아빠가 최고라고 생각한다. 세상의 궁금함을 다 대답해주는 아빠가 매우 위대하게 보일 것이다. 이렇게 책을 읽어주는 아빠는 아이와의 관계가 매우 밀접해진다. 아이가 크면서 엄마와는 소통을 하는데 아빠와는 소통을 하지 않는 가정이 많다. 그래서 일찍 퇴근하면 어색하다는 아빠들도 있다. 가족을 위해 일하느라 바쁘다는 핑계는 좋지 않다. 어린 아이들은 아빠가 밖에서 가족들을 위해 열심히 일한다고 생각하지 못한다. 따라서 당연한 것으로 생각하고 깊이 감사하기도 쉽지는 않다. 그러니 가족을 위한다면 너무 무리해서 일하는 대신에 일찍 귀가하여 아이에게 책을 읽어주자. 책을 읽어주는 아빠는 아이의 기억 속에 오래 남아 아이의 삶에 영향력을 끼칠 것이다.

대부분의 아이는 하루의 시간을 엄마와 함께 보낸다. 또 학교에서는 대부분 여자 선생님들과 생활을 한다. 이러한 환경에서 성향이 비슷한 여자아이들은 대부분 편안함을 느낀다. 하지만 남자아이들은 그렇지 못할 수가 있다. 그래서 집에 오면 아빠가 이러한 욕구를 채워주는 것이 좋다. 그 방법이 바로 아빠가 아이에게 책을 읽어주는 것이다.

독서에서 놀이로, 또 브레인스토밍으로!

엄마는 아이들의 성장을 위해 음식을 마련한다. 아이들은 맛있는 음식을 입에 넣으며 엄마에게 감사한다. 아빠는 이 시기에 아이의 행복한 마음을 위해서 책을 마련하면 된다. 그리고 아이를 옆에 안고 책을 읽어주면 된다. 저녁마다 엄마가 해준 맛있는 음식을 먹고 그다음 아빠가 해주는 책 읽기로 충만한 사랑을 먹는다. 이런 아이는 육체적으로 정서적으로 균형 있게 성장할 수 있다.

아빠와의 책 읽기는 점점 놀이와 브레인스토밍으로 확대할 수 있다. 책 읽기로 시작된 아빠와의 시간들이 점점 아빠와의 놀이시간으로 확대될 수 있다. 놀이시간은 책을 주제로 한 이야기 나누기, 다른 결말로 바꾸어보기, 내가 책의 주인공이 되어보기 등으로 응용할 수 있다. 그다음 아빠와의 책 읽기는 브레인스토밍으로 이어질 수 있다. 브레인스토밍을 할 때 아빠와의 둘만의 시간 또는 가족이 함께 참여하는 시간이 될 수 있다. 아빠의 책 읽기는 가족이 자주 대화하고 시간을 함께 보낼 수 있는 도구가 될 수 있다.

아이들은 빠르게 성장한다. 초등학교 고학년만 되어도 친구들을 더 찾게 된다. 책을 읽어달라는 아이를 피곤하다는 이유로 내치지 말아야 한다. 같은 책을 또 읽어달라고 해도 거절하지 말아야 한다. 이 황금기가 지나면 아이들은 더 이상 아빠와의 책 읽기를 바라지 않는다.

어휘력, 사고력, 상상력, 창의력이 자란다

말을 하지 못하고 누워있는 영아기에도 아이들은 아빠의 이야기를 집중해서 들을 수 있다. 이때에는 바른 어휘를 사용하여 되도록 많이 들려주어야 한다.

상상의 나래를 활짝 펼 수 있는 3~5살에 아빠의 과장된 손짓, 발짓과 함께한 책 읽기는 아이의 창의력을 크게 키울 것이다. 엄마에게만 맡기는 사고력, 창의력보다는 아빠와의 책 읽기를 통한 창의력이 아이를 크게 성장시킨다.

아빠와의 책 읽기로 아이는 어릴 적 사랑을 먹는다. 아빠와의 책 읽기로 크게 성장하는 사고력과 창의력은 꽤 큰 덤이다. 이렇듯 가정에서 아빠가 해주는 역할은 매우 크다. 가정에서 한 장소를 아빠의 공간으로 정해 서재 분위기를 만들어보길 추천한다. 책으로 둘러싸인 아빠의 공간에서 아이와 나누는 대화는 매우 분위기가 있기 때문이다. 이 공간은 '아빠의 서재'라고 이름 지어도 좋다. 이곳은 아빠가 아이의 언어 표현력을 키워주는 우리 집 도서관이 될 것이다.

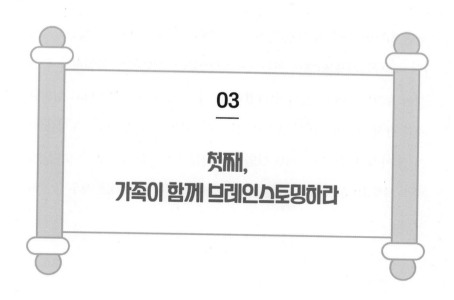

03
—

첫째,
가족이 함께 브레인스토밍하라

매일 잠들기 전 10분의 가족 몰입 시간!

대부분의 하루 일과는 매우 분주하다. 아이는 아이대로 바쁘고 부모는 부모대로 바쁘게 하루를 보낸다. 우리 가족이 특별하게 함께 하는 브레인스토밍 시간을 만들지 않았다면 우리는 이야기 나눌 시간이 매우 적었을 것이다. 시간을 정하여 습관으로 만들었기에 대화가 충분한 가족이 될 수 있었다. 그래서 나는 하루의 마무리에 아이와 생각을 나눌 수 있는 브레인스토밍 시간이 더욱 행복하다.

매일 10분 잠자기 전 우리 뇌는 몰입을 할 때 행복감을 느낀다. 나는 어릴 적부터 급한 게 없었다. 항상 느긋했다. 미리 준비하고 실천하기보다는 긴박하게 몰입해서 하는 것을 좋아했다. 긴박하게 몰입해서 하는 것이 효과도 크다는 생각이 들었다. 지금의 나는 미리 준비하고 실천할 것과 단시간에 몰입해서 해결할 것을 구분해서 한다. 브레인스토밍은 하기 전 미리 준비하는 단계와 몰입하는 10분의 시간으로 나눌 수 있다. 가족 독서를 10분 브레인스토밍으로 마음껏 표현하는 재미는 매우 쏠쏠하다.

가족의 변화를 위해 10분이면 충분하다

우리 가족 모두는 잠자기 전 미리 30분 전에 양치를 한다. 그리고 편한 잠옷을 갈아입고 함께 모인다. 브레인스토밍은 이렇게 매일 저녁 편안한 상태에서 진행된다. 바쁜 하루 시간을 마감하고 사랑하는 가족이 편안하게 힐링하는 시간이 된다. 브레인스토밍을 위하여 우리는 긴 시간을 할애하지 않는다. 매일 꾸준히 단 10분이면 충분하다. 10분이란 시간은 브레인스토밍을 지속하게 해주는 최상의 시간이다. 브레인스토밍 외에도 좋은 습관을 만들어주기 위한 최적의 시간이기도 하다.

10분은 다른 시간들과 비교했을 때 매우 짧은 시간이다. 그래서 몰입의 힘이 있다. 나의 핸드폰은 타이머 기능이 항상 10분에 세팅되어 있다.

자투리 시간이 나면 나는 10분 타이머를 가동하고 무언가 해야 할 일들을 한다. 예를 들면, 독서 모임의 과제를 할 수도 있고 주변 정리정돈을 뚝딱 해치울 수도 있다. 10분은 지치지 않고 몰입해서 무언가를 빠르게 해낼 수 있는 시간이다. 10분이란 시간은 운동을 하기에도 좋다. 나는 일주일에 3번 싸이클 훈련을 하고 있다. 이때 인터벌 훈련을 하게 되면 '3분 강하게, 1분 천천히'를 반복한다. 이럴 때는 체력적으로 너무 힘들어 10분이 100분처럼 느껴진다. 이렇듯 10분이란 시간은 짧지만 길게도 느껴지는 시간이다. 시간이 없어서 못 한다는 생각을 버리고 자투리 시간을 활용해보자. 충분히 가능하다.

잠자기 전에 브레인스토밍 하자

대부분의 사람은 잠자기 전 침대 위에서 핸드폰을 만지다가 잠이 든다. 그런데 이러한 습관은 숙면에 매우 안 좋은 방법이라고 한다. 성장기 아이들은 숙면이 매우 중요하다. 우리 가족은 매일 10시 잠자리에 든다.

매일 무언가 꾸준히 할 수 있다는 것은 결국 훌륭한 결과가 나온다는 말과 같다. 그래서 나는 잠자기 전 10분 함께하는 브레인스토밍을 아이와 함께 시작하게 되었다. 브레인스토밍이란 자유로운 토론으로 창조적인 아이디어를 끌어내는 일을 말한다. 주로 기업의 기획 회의에서 아이디어를 개발하기 위해 활용된다. 나는 이 브레인스토밍을 가족만의 저녁 이벤트로 만들어보았다. 미국을 방문했을 때에는 그곳에서 9시에 모두 잠자리에 든다. 역시 이곳에서도 잠자기 전 10분 브레인스토밍은 진행된다.

브레인스토밍은 창의력을 키우기 위한 방법으로 시작했지만, 우리 가족 소통의 방법으로도 매우 좋았다. 하나의 주제가 가지로 뻗어 나와 생각이 확장되는 것을 그림으로 함께 나타내니 더욱 재미있었다. 엄마인 나도 재미있고 대화를 나누기를 매우 좋아하는 아이와 아빠는 더욱 재미있어 했다.

잠자기 전 브레인스토밍을 하면 여러 가지 좋은 점이 있다. 그 중에 하나는 아이와 나의 하루를 기분 좋게 마무리할 수 있다는 것이다. 마치 일기를 쓰며 정리하는 느낌과 비슷하다. 커다란 종이에 각자 생각을 이어나갈 때도 있고 함께 생각을 만들어 낼 때도 있다. 이것이 쌓이면 아이의 성장 과정의 멋진 로드맵이 된다.

매일 10분씩 잠자기 전 브레인스토밍을 할 때는 약간의 변형도 필요하다. 한 방법을 고집하기보다는 상황에 따라 방법을 바꿀 수 있다. 엄마가 업무가 있을 때는 아빠가 하면 된다. 여행 중일 때는 여행지에서 하면 된다. 우리 가족은 미국 시카고에서 콘서트에 간 적이 있는데 그때는 그곳에서 말로 진행을 하였다. 상황에 따라 변형을 하면서 짧은 시간 10분을 계속 유지한다. 그러다 보면 결국에는 엄청난 창의력이 불쑥불쑥 튀어나올 것이다. 누구나 경험해보았을 것이다. 깊은 고민거리가 있는데 잠자다가 꿈에서 해결할 것이 떠오를 때가 있다. 깊이 몰입을 하면 잠재력이 그 문제를 도와준다. 그래서 브레인스토밍을 하는 최적의 시간을 잠자기전 10분으로 추천한다. 생각하고 표현하고 몰입하기. 그리고 숙면하기! 이렇게 매일 잠자기 전 10분 브레인스토밍을 해 나간다면 다음 날 아침은 틀림없이 상쾌할 것이다.

창의력은 언어 능력이다

브레인스토밍을 통해 아이가 기를 수 있는 언어 창의력은 요즘을 살아가는 사람들에게 우선적으로 필요한 경쟁력이다. 창의력은 아이큐가 뛰어난 사람이 갖게 되는 능력이 아니다. 생각을 많이 해보고 생각과 생각을 이어나갈 수 있는 능력이 창의력이다. 그래서 브레인스토밍을 통해 언어 창의력을 기를 수 있다고 생각한다. 이런 창의력을 어렵게 생각하는 사람들은 매우 막연하다고 생각한다. 생각과 생각을 이어나가야 하는데 이 생각 자체가 없으면 막연하다. 우리 가족은 이 생각을 하고 표현하는 것을 매일 10분씩 잠자기 전에 하고 있다.

현재 예비 4학년인 쉐인은 부쩍 키가 컸다. 이제는 눈을 마주치려면 내가 앉는 게 편하다. 키가 큰 것을 우리는 눈으로 알 수 있다. 아이의 생각이 자라는 것은 잠자기 전 10분 함께하는 브레인스토밍으로 재미있고 흥미롭게 알 수 있다.

엄마가 만드는 내 아이 천재 되는 방법

나는 앞에서 브레인스토밍을 통하여 창의력과 사고력을 높일 수 있다고 하였다. 브레인스토밍은 한 가지 주제로 각자의 생각들을 끄집어내는 것이다. 따라서 정답은 없다. 유대인의 대표적인 교육 방법 중의 하나가 정답을 요구하지 않는 것이다. 그래서인지 나의 남편은 아이와의 브레인스토밍 시간에 한 번도 본인의 생각으로 결론 내는 적이 없다. 서로의 생각을 돌아가며 나누는 것이 주가 된다.

하지만 한국의 수업은 처음과 끝을 거의 선생님이 마무리해주신다. 아이들의 생각을 들어볼 시간이 많이 부족하다.

그런데 요즘은 학교에서도 아이들이 생각하고 말할 수 있는 기회를 확대해가는 듯하다. 우선 내 아이의 학교 교과서가 예전과 많이 달라졌다. 팀별로 조를 나누어서 주제대로 자료를 모아 발표하는 수행평가가 확대되었다. 아이들이 공교육에서도 생각하고 말할 수 있는 기회가 많아진 것이다. 참으로 다행이라고 생각된다.

우리가 사는 세상은 매우 빠르게 변화하고 있다. 그래서 현재의 직업 중 대부분이 사라지게 된다는 보고를 읽은 적이 있다. 일반적인 생각, 일반적인 직업들은 계속 소외가 되고 있다. 남과 다른 창의적인 생각을 가진 사람들을 사회는 필요로 한다. 태어나면서부터 창의적인 사람은 없다. 성장하면서 모든 사물을 다르게 보는 자세가 중요하다. 그래서 나는 학교에서 더욱 확대되고 있는 수행평가가 매우 반갑다. 나는 창의력과 사고력을 높이기 위한 방법으로 잠자기 전 10분, 브레인스토밍을 적극적으로 권하고 싶다.

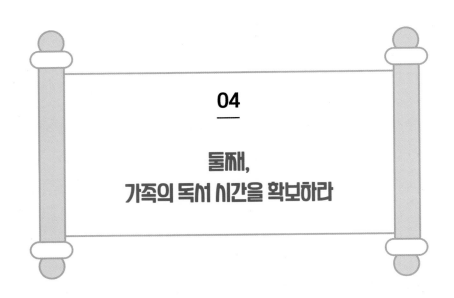

04

둘째,
가족의 독서 시간을 확보하라

노하우1 : 우리 이번 주말에 도서관 갈까?

나는 어릴 적부터 도서관을 매우 좋아했다. 책을 충분히 읽고 상상할 수 있는 그 공간이 좋았다. 다른 것에 방해받지 않고 책과 내가 몰입될 수 있는 도서관, 그곳은 꿈의 공간이다. 어느 작가가 "이사 갈 집을 선택하는 기준은 도서관 옆이다."라고 한 것을 읽은 적이 있다. 나는 그 글에 크게 공감하였다. 도서관이 바로 옆이라면 그 말은 거실에 많은 책이 있는 것과 같다. 내 집을 크다고 상상하면 말이다. 얼마나 멋진가? 그 글을 보며 마음에 담고 상상을 해서인지 현재 내가 사는 집은 도서관 옆이다. 정말로 상상하면 이루어진다는 것을 실감하였다.

도서관이 바로 옆에 있다 보니 우리 가족은 도서관을 틈나는 대로 갈 수 있다. 얼마나 축복인지 모른다. 요즘의 도서관은 인테리어가 카페 수준이다. 예전에는 상상할 수 없었던 푹신한 쿠션과 누워서 읽게 만든 구조까지 있어서 내게는 도서관이 너무 사랑스럽다. 책을 읽게 해준다는 것만 해도 좋은데 예쁘게까지 꾸며서 참 좋다. 이제는 누구나 도서관을 편하게 이용할 수 있게 만든 사회복지가 참 고맙다.

이렇게 책을 읽도록 좋은 환경이 구비되어도 도서관을 이용하는 사람들은 한정이 되어 있다. 이용하는 사람들만 꾸준히 이용하고 한 번도 방문을 안 한 사람들도 있다. 나는 도서관을 식당처럼 사람들이 자주 이용하면 좋겠다. 배고프면 식당에 가서 밥을 먹듯이 마음의 양식은 도서관에서 배부르게 채울 수 있다. 식당에 가서 밥을 먹으면 돈을 내야 하지만 도서관은 모두 공짜이다. 공짜인데 여름에는 시원하고 겨울에는 따뜻하게 해준다. 참으로 천국 같은 곳이다.

도서관은 깨끗하고 인테리어도 예쁘다. 하지만 내가 한 가지 더 욕심을 부린다면 영어 원서가 더 많았으면 좋겠다. 우리 집 바로 옆 도서관에는 영어 원서가 별로 없다. 그래서 가족이 함께 도서관을 갈 때면 미국인 남편은 따로 책을 준비해야 한다. 한국어로 된 책은 풍족하게 분야별로 있어서 나는 뷔페에 온 것처럼 행복하다. 그래서 남편에게 괜히 내가 미안하다. 이럴 때면 가끔 나는 남편을 위해 제의한다.

"우리 이번 주말엔 서울에 있는 서점에 갈까?"

그 곳에 가면 남편이 볼 수 있는 책이 많기 때문이다. 앞으로 한국에 사는 외국인이 많아질 테니 도서관에 영어책도 많아지길 기대해본다.

[김포도서관에서 함께 책을 읽는 저스틴과 쉐인]

우리 주변의 멋진 도서관들을 탐방해보자

　가족이 함께 즐길 수 있는 문화공간은 여러 가지 있다. 나는 그중에 도서관을 제 1순위로 추천하고 싶다. 책을 읽을 수 있다는 것 이외에 책을 좋아하는 사람들과 한 공간에 있는 느낌이 참 좋다. 그래서 도서관에는 좋은 기운의 에너지가 넘실대는 것 같다. 이런 공간에 아이와 자주 가면 아이는 더욱 책과 가까워지는 습관을 들일 수 있다. 아이들은 그 자체로 밝은 에너지가 가득하다. 특히나 남자아이들은 대근육이 발달하여 움직이는 범위가 꽤 넓다. 아파트의 한정된 공간에서 벗어나 파주의 도서관 '지혜의 숲'처럼 책으로 웅장함을 느낄 수 있는 곳에 가면 어떤 영감을 받을 수 있을 것 같다. 아이에게 배를 만들게 하려면 바다를 먼저 보여주라고 하지 않던가?

　넓은 도서관에서 책으로 시야를 넓힌 아이들은 사고가 매우 확장이 된다. 태어나고 자란 한국이라는 작은 땅이 이 세상의 전부가 아니라는 것을 깨닫게 된다. 그래서 책을 다양하게 읽은 아이들은 세계관이 생긴다. 세계관이 생긴 아이들은 영어를 적극적으로 하는 모습을 많이 본다. 시험을 위한 영어가 아니라 자신의 꿈을 펼친 영어를 스스로 하게 되는 것이다. 책과 영어는 이렇게 연결된다.

언어 능력의 비결은 독서에 있다

나는 13년 동안 한곳에서 영어학원을 하고 있다. 그동안 많은 아이들을 가르치면서 영어의 단계를 크게 향상시킬 수 있는 비밀을 발견했다. 그것은 바로 독서다. 영어는 학습이 아니라 훈련이다. 훈련으로 누구나 영어를 구사할 수 있다. 다만 말을 조리 있게 잘하기 위해서는 책을 많이 읽어야 한다. 책을 많이 읽어서 다양한 배경지식과 간접 경험을 쌓아야 한다. 이런 아이들은 내가 훈련시킨 방법으로 영어 빌드업이 되었다면 자신의 이야기를 스스로 만들 수 있다. 남 앞에서 부끄러워서 말을 못 하는 것은 자신감이 없기 때문이다. 자신감이 없는 것은 내 생각에 확신이 없는 것과 같다. 그러니 아이들을 책으로 단단하게 무장을 시키자.

내가 항상 상담 오시는 어머님들께 강조하는 말이 있다.
"저에게 아이를 맡겼다고 모두 책임을 전가하시면 안 됩니다. 어머님께서 해야 할 임무는 저보다 무겁습니다. 책을 많이 다양하게 읽을 수 있도록 해주셔야 합니다."

나는 알고 있다. 이 임무가 쉽지는 않다는 것을. 하지만 꼭 아이들에게 필요하다. 엄마의 말을 그대로 잘 따르는 초등학교 때에 가족 나들이로 도서관에 자주 가기를 권한다. 지역에 있는 공공도서관은 평소에 가고 주말에는 아이의 눈이 휘둥그레해질 큰 규모의 도서관을 가보면 좋다. 책의 방대함에 아이가 압도되어 본인이 앞으로 읽어야 할 책들이 그토록 많음을 실감하게 해주자. 책을 통해서 얻어지는 많은 것들을 아이들에게 이야기해주자. 책을 통해 성공한 사람들의 이야기들은 무수히 많다. 아이가 성공하기를 원한다면 이번 주말부터 당장 도서관에 가보자!

노하우2 : 우리만의 독서 공간 만들기

나는 영어학원 원장이며 작가이다. 나에게는 나만의 독서책상이 있다. 나는 이 독서책상에서 매일 새벽 4시에 독서를 습관적으로 한다. 이 시간은 누구에게도 방해를 받지 않고 집중할 수 있는 최적의 몰입 시간이다. 정말 행복하고 소중한 시간이다. 많은 아이들이 졸음을 쫓아가며 밤에 공부를 한다. 나는 졸음을 쫓아가며 하기보다는 이 새벽 4시를 활용하기를 권해주고 싶다.

새벽 4시 독서책상이 나의 첫 번째 독서 공간이라면, 두 번째 공간은 서울로 가는 직행버스 안이다. 나는 김포에 살고 있다. 그리고 운전을 못한다. 그래서 많이 이용하는 것은 서울로 가는 직행버스이다. 서울이 아닌 김포에 살지만 직행버스로는 서울 주요한 곳은 쉽게 갈 수 있다. 천호동에 있는 싸이클 훈련장을 가기 위해서는 2.5시간이 소요된다. 출근길

교통체증을 감안한 시간이다. 주변 사람들은 그 2.5시간이 아깝지 않냐고 한다. 그것은 나에게 그 시간이 매우 알찬 독서시간임을 모르고 하는 소리이다. 싸이클 훈련을 하는 그날은 내가 눈여겨둔 책 한 권을 완독할 수 있다. 물론 차 안이라 정독을 하기는 어렵다. 나는 이때에는 중요한 핵심만 추려서 보는 독서 방법을 사용한다. 책을 읽다가 버스 안의 창밖으로 가끔 시선을 두면 책과 연결된 아이디어도 잘 떠오른다. 그래서 내가 사랑하는 독서 공간 중에 하나는 이동 공간인 버스나 지하철 안이다.

그다음 내가 애정하는 독서 공간은 공공도서관이다. 나 혼자 가도 행복하지만 아들과 가면 더욱 행복하다. 공공도서관의 많은 사람들이 책에 집중하는 모습은 정말 아름답다. 지쳐 보이는 청소년도 아름다워 보인다. 지금의 상태는 피곤하더라도 책을 보는 그들의 미래는 아름다울 거라는 상상을 하기에 내게는 아름답게 보인다. 나이가 드신 할아버지의 독서하는 모습도 정말 보기 좋다. 집에서 쉴 수 있을 텐데 도서관에 나와서 마음의 양식을 채우는 모습은 존경스럽다. 나도 나이가 많이 들었을 때 예쁘게 하고 도서관에서 책을 많이 읽고 싶다. 누군가 나를 존경의 눈빛으로 바라볼 수도 있을 것이다. 노인이 되어서도 젊은 사람에게 영감을 주는 사람으로 남고 싶다.

또 하나의 우리 가족 독서 공간은 야외다. 우리는 쉽게 펼칠 수 있는 텐

트와 식량을 가지고 한강변에 나간다. 그리고 하루 종일 읽을 수 있는 책들을 챙긴다. 파란 하늘과 시원한 바람, 읽고 싶은 책들…. 사랑하는 가족이 함께하는 그곳이 천국이다. 책들을 읽으면서 가끔 파란 하늘을 바라봐도 좋다. 읽은 책에 대해 이야기 나누며 음식을 나누어도 좋다. 날씨가 좋은 날에는 야외에서 책을 가족이 함께 읽어 우리만의 독서 공간을 꾸며보자. 자연과 어우러진 독서 공간은 아이의 사고를 더욱 깊고 풍부하게 만들어줄 수 있다.

나는 가정과 사회, 그리고 학교에서 이런 다양한 독서 공간이 확보되기를 바란다. 학교 선생님과 부모님이 책 읽으라 강조하지 않아도 곳곳에 독서 공간이 있다면 아이들은 책이 더욱 친숙해질 것이다. 아이들이 읽고 싶은 책, 아이들에게 꿈을 줄 수 있는 책, 아이들의 간접 경험이 될 수 있는 좋은 책들이 있는 우리만의 독서 공간을 구상해보자. 그리고 조금씩 그 공간을 만들어보자. 책은 아이들을 바른 방향으로 성장시키는 최상의 도구이다. 그 꿈터인 독서 공간을 어른들이 적극적으로 만들어야 한다.

노하우3 : 세계 여행 대신에 세계를 읽어보자

나는 작은 나라 한국에서 태어났다. 한국에서 자란 나는 우리나라가

작다는 생각을 전에는 전혀 가진 적이 없다. 어릴 적 집 뒤에 있는 동산에 올라 바라본 나의 동네도 작은 나에게는 꽤 컸기 때문이다. 그러다 중학생이 되면서 세계에 대해 관심을 가졌다. 초등학교 때 읽었던 책들과 달리 중학교에서는 더 다양한 책들을 읽게 되면서부터다. 내가 사는 한국의 조선시대 반대편 세계에서는 전쟁이 일어나는 등 상상 못 할 일들이 벌어진다는 것을 알았다. 그때부터 내가 사는 한국이 작은 나라임을 알았다. 그리고 한국을 넘어 다른 나라에 깊은 관심을 가지게 되었다.

나에게는 외국에 사는 친척이 없다. 그래서 어릴 적 외국에 가볼 기회가 전혀 없었다. 나에게 미국, 영국, 호주 등은 책으로 알게 되는 게 전부였다. 세계에 관심이 간 나는 동시대에 세계 곳곳의 사건들을 그림으로 그려보았다. 나의 몸은 작은 아이였지만 나의 가슴속에는 세계라는 커다란 이상이 서서히 자리 잡았다. 그 후로 나는 같은 꿈을 자주 꾸었다. 공항에서 내가 에스컬레이터를 타고 출국을 준비하는 꿈이다. 외국에 아는 사람이 단 한 명도 없는데 그런 꿈을 자주 꾸었다. 아마도 책을 읽으며 세계를 가슴에 담고 있어서 그럴 거라는 생각이 든다.

현재 나는 미국을 1년에 2번씩 다녀온다. 남편이 미국인이기 때문이다. 나는 영어를 잘하지 못하는 수학 선생님이었다. 그런 내가 미국인인 남편을 만나 결혼까지 한 것은 오로지 책 덕분이다. 책을 통해 세계를 가슴에 담고 살았기 때문이다. 내가 어릴 적 꿈에서 나타났던 공항에서 에스컬레이터를 타고 출국을 하는 모습은 자주 있는 일상이 되었다. 지금의 나의 꿈은 내가 가보지 않은 미지의 세계를 가보는 것이다. 지인을 통해 읽게 된 『아프리카 아프리카』라는 책을 통해 관광지가 아닌 실제 자연과 사람들을 만나고 싶은 생각이 들었다. 또한 큰 대륙 중국도 관광지가 아닌 아름다운 협곡과 시골 마을을 둘러보고 싶다. 세계는 앞으로도 내가 갈 곳이 무궁무진하다.

학원에서 아이들에게 이러한 나의 세계관을 자주 말해주고 있다.

"너희가 태어난 곳은 한국이지만 너희의 꿈들은 세계를 향해 펼칠 수 있어!"

눈앞에 주어진 작은 기회들을 안간힘을 다해 잡으려니 청년들은 힘들다. 한국에서 주어진 작은 기회를 서로 잡으려고 의미 없는 스펙을 쌓는 현실이 안타깝다. 영어만 잘하면 된다! 그러면 기회는 무궁무진하게 온 세상에 널려 있다. 나는 아이들이 이 많은 기회들을 골고루 행복하게 누렸으면 좋겠다. 그래서 나는 아이들이 들어오면서 볼 수 있게 학원 입구에 이 문구를 비치해두었다.

"너의 무대는 세계야!"

이 문구를 읽으며 들어오면 아이들의 수업에 임하는 태도가 달라진다.

[네 무대는 세계야]

여행을 가지 않아도 방법은 책 속에 있다!

아이들이 세계여행을 가지 않고도 세계관을 심어줄 책들은 매우 많다. 장소뿐만 아닌 인물을 통한 세계관을 심어줄 수 있다. 아이들에게 한국의 위인들을 알게 해주고 동시대의 다른 나라 위인들을 알게 해주어도 흥미를 느낀다. 내가 살고 있는 대한민국이란 땅에서 넓은 세계를 간접

적으로 이해할 수 있다. 역사 속의 인물과 근대 시대의 인물을 다양하게 접하게 해주자.

애플의 스티브 잡스, 알리바바의 마윈, 버진 그룹의 리처드 브랜슨 등 유명한 사업가들의 세계관은 남다르다. 이들은 책을 통해 특별한 세계관을 가지고 창의력을 발산시켰다. 그러나 그들은 남들이 생각하지 못한 아이디어를 가졌다는 것을 특별하다고 생각하지 않는다. 누구나 책을 통해 생각하는 힘을 기를 수 있고, 그 생각의 힘들이 연관성을 갖고 창의력으로 발휘되는 것이라고 생각한다.

어릴 적 책을 읽으면서 생긴 나의 세계관은 나를 많이 성장시켰다. 한국인인 내가 미국인 남자를 만나 결혼을 하고 영어학원 원장이 되었다. 영어학원 원장이 되어 많은 아이들에게 나처럼 세계관을 심어줄 수 있어 행복하다. 두꺼운 영어 교재로 아이들을 지치게 하지 않는 나의 교육이 좋다. 이 아이들이 즐겁게 영어를 배우고 책을 다양하게 읽기를 바란다.

■ 신디샘의 생각 3 :
주말에 도서관으로 소풍을 가자

　우리 가족이 소풍처럼 주말에 가는 도서관이 있다. 그곳은 김포와 가까운 파주에 있는 도서관이다. '지혜의 숲', 어쩌면 이름도 이리 아름다운지…. 나는 파주 헤이리마을을 참 좋아한다. 한국 음식 이외의 색다른 음식을 먹고 싶을 때 가깝게 찾아갈 수 있다. 파주는 출판단지가 있고 지혜의 숲이란 도서관이 있어서인지 그윽한 느낌의 도시이다. 나는 이 그윽한 도시 파주가 참 좋다. 내가 살고 있는 곳 김포와 내가 좋아하는 곳 파주가 가까운 나는 참 행운아다.

　'지혜의 숲'은 숲이란 말 그대로 책들이 어마어마하게 많다. 문화, 역사, 철학, 사회과학, 자연과학, 예술 등 다양한 분야의 인문학 도서가 비치되어 있다. 그런데 이 책들이 모두 학자와 지식인들이 기증한 책들이라니 참으로 놀랍다. 우리 사회에는 이렇듯 훌륭한 분들이 참 많다.

　'지혜의 숲' 2관은 아들과 함께 가기에 좋다. 1관이 웅장하고 압도적인 카리스마를 풍겼다면 2관은 아동도서들과 커피를 마실 수 있는 공간이 있어 편안하다. 아이는 과일 주스를, 나와 남편은 커피를 마시며 행복한 시간을 갖는다. 박물관, 미술관이 있는 3관은 여유롭다.

이렇게 1관부터 3관까지 둘러보고 책을 보면 우리 가족의 품격이 매우 올라간 느낌이다. 매우 기분이 모두 좋아진다. 중간중간 따뜻한 햇볕을 받을 수 있는 예쁜 테라스, 중고책방, 일반 서점등 모두 둘러보기에는 하루가 짧다. 또한 곳곳에 아이들이 체험할 수 있는 공간이 있어 지루할 틈이 없다. 어른에게는 여유로움을, 아이들에게는 흥미로움을 가득 선사한다.

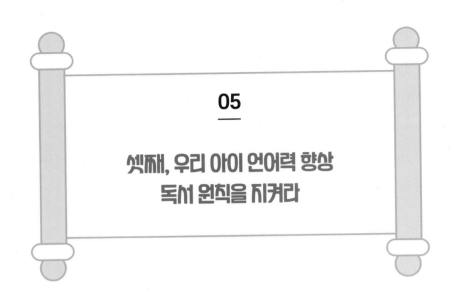

05

셋째, 우리 아이 언어력 향상 독서 원칙을 지켜라

독서 원칙 1 : 만화는 독서 시간에서 제외시키자

책에 흥미를 느끼게 하기 위해서 만화라도 읽으면 다행이라고 생각하는 부모님이 많이 있다. 하지만 엄연히 말해서 만화는 읽는 게 아니라 보는 것이다. 읽기와 보기는 매우 다르다. 독서가 아이에게 좋은 이유는 아이가 생각할 수 있는 힘을 발휘하기 때문이다.

눈으로 쉽게 보고 술술 책장을 넘기는 아이에게 무엇이 감동적이었는지 물어보자. 대부분의 아이는 거의 생각나는 것이 없다고 말한다.

학습에서 활용되는 만화는 이와 약간 차이가 있다. 학습에 이해를 돕기 위한 것이지, 독서의 한 면이라고 보기는 어렵다. 만화를 차단하라는 것이 아니라 독서 시간에서 제외시키자. 확실한 독서 시간 확보는 부모가 아이에게 해주어야 할 중요한 부분이다. 그래서 우리 가족은 구분을 두었다. 아빠가 책을 읽어주는 시간, 가족이 모두 책을 각자 읽는 시간, 그리고 책을 읽고 토론하는 시간, 책을 바탕으로 글쓰기를 해보는 시간 등으로 구분하여 시간 확보를 꼭 하려고 노력하였다.

독서 원칙 2 : 매일 30분씩 꾸준히 하도록 하자

성공하는 사람들의 원칙 첫 번째는 좋은 습관을 갖는 것이다. 우리 가족은 독서를 하루 일과 중에 하나로 정해놓았다. 저스틴과 나의 공통된 습관은 책을 읽는 것이다. 이것은 취미가 아니고 특기도 아니다. 하루의 일과인 것이다. 나의 습관은 새벽 4시부터 2시간이 독서 시간이다. 평소에 읽고 싶은 책은 당장 구입부터 한다. 그리고 이 새벽 2시간을 활용하면 읽고 싶은 책들을 마음껏 읽을 수 있다. 저스틴과 쉐인은 저녁 시간 30분이 매일 책 읽는 시간이다. 그리고 주말에는 시간에 여유가 있어서 독서 시간을 더욱 많이 확보할 수 있다. 그래서 우리 가족에게 독서 시간은 일상이 되었다.

많은 사람들이 이야기한다.

"책 읽을 시간이 어디 있어요? 먹고살기도 바쁜데…."

그래서 우리나라에는 1년 동안 단 한권도 책을 읽지 않는 사람이 놀라울 정도로 많다.

또한 책을 다양하게 읽어야 하는 중·고등학생들도 유망한 학교에 들어가기 위해 필독서를 억지로 읽는다. 책을 읽는 시간을 일상으로 만들기 위해서는 습관으로 만들어야 가능하다. '습관의 힘'은 우리 아이에게 기적을 만든다. 아니 아이뿐만 아니라 부모님에게도 기적을 만든다.

독서 원칙 3 : 저학년 때에는 다양한 독서를, 고학년 때부터 깊이 있는 독서를 한다

우리 가족의 주말 나들이에서 중요한 일과는 '서점 나들이'이다. 서점에 가면 저스틴은 외국서적 코너, 나는 자기 계발 코너, 쉐인은 어린이 코너로 뿔뿔이 흩어진다.

저스틴과 나는 쉐인에게 다양한 독서를 하도록 많은 신경을 써왔다.

저학년 때까지는 아이가 특별히 관심 있어 하는 주제를 발견하기가 어렵다. 그래서 부모님이 아이가 다양하게 독서를 할 수 있도록 해주어야 한다. 고학년이 되면서부터는 아이가 특별히 관심 있어 하는 주제가 생긴다. 쉐인은 우주를 비롯한 과학 분야에 관심을 크게 가졌다. 그리고 이스라엘을 비롯한 세계 여러 나라에 관심을 가졌다. 바로 이때가 아이에게 깊이 있는 독서를 해줄 수 있는 때이다.

또한 쉐인은 같은 책을 한국어와 영어로 각각 읽기를 좋아한다. 영어와 한국어의 뉘앙스를 자연스럽게 책을 통해 익혔다. 그래서인지 쉐인의 어휘력은 영어와 한국어 모두 매우 뛰어나다.

'언어 영재는 다양하고 깊이 있는 독서로 만들어진다.'

그동안 유대인 아빠 저스틴과 한국인 엄마 신디의 경험에서 나온 근거 있는 생각이다.

■ 신디샘의 생각 4 :
하브루타란 무엇인가?

'하브루타'에는 단순히 친구라는 의미만 있는 것이 아니다. 유대인에게
'하브루타'라는 단어는 더 큰 의미를 갖고 있다. 왜냐하면 하브루타를 참
다운 교육의 장을 열어줄 비법으로 생각하기 때문이다. 한국인과 유대인
의 하브루타에 대한 생각은 본질적으로 다르다. 다시 말하면 유대인에게
하브루타는 그들의 삶에 녹아있는 것이고, 한국인에게 하브루타는 '특별
한 교육 비법'의 한 방식으로 인식된다. 따라서 하브루타에 본질적으로
접근하고 이를 유대인처럼 삶에 깊숙이 자리잡게 해야 한다.

이를 위해선 언제, 어디에서나, 누구와도 어떤 주제를 가지고 이야기
나누는 것을 두려워하지 않아야 한다. 상대와 생각이 다른 부분에 대해
근거를 들어 이야기하는 것은 대단히 멋지다. 또한 상대가 나의 이야기
에 조목조목 반박하는 것을 듣는 것도 매우 흥미로운 경험이다. 이러한
일들을 아이에게만 기대하지 말고 부모님의 삶에도 하브루타를 적용하
기를 바란다. 하브루타는 필요할 때 꺼내쓰는 도구가 아니라 삶과 함께
하는 나의 철학적 무기가 되는 것이다.

하브루타식 대화와 질문은 어떻게 하는가?

나는 생각의 꼬리를 물게 하는 질문을 좋아한다. 나의 질문에 골똘히 생각에 잠기는 아이들의 모습을 볼 때마다 정말 귀여워 미칠 것 같다. 아이의 귀여운 눈, 코, 입 외에도 보이지 않는 아이의 뇌 안 시냅스가 마구마구 활동하는 모습까지 상상하게 된다.

시냅스는 내가 던진 질문에 아이들의 뇌 신경세포 사이에서 신호가 전달되는 구조적 장소이다. '시냅스'라는 용어는 1897년 영국의 신경생리학자인 찰스 쉐링턴(Charles Sherrington)이 처음 사용하였다. 그리스어 'Synapsis'에서 유래되었다고 하는데 이 뜻이 '함께 고정하다.' '함께 매다'라고 한다.

엄마와 선생님의 끊임없는 질문이 아이의 뇌 신경세포 사이를 고정하고 단단히 매는 것이다. 다시 말해 '똘망똘망한 아이'가 되는 것이다. 이 똘망똘망한 아이는 엄마와 선생님에게 질문에 대한 대답을 잘할 뿐만 아니라 기발한 질문도 서슴없이 하게 된다. 삶이 무료하지 않고 재미있어진다.

자, 당신은 똘망똘망한 아이의 질문에 대답할 하브루타 부모가 될 준비가 되어 있는가? 누구나 할 수 있다. 하브루타를 바라만 볼 것이 아니라 자주 직접 해보면 누구나 생각하는 부모, 생각하는 아이가 될 수 있다고 확신한다.

자녀와 학생에게 질문하는 예를 살펴보자.

과제가 힘겨워 우는 아이

엄마 : 쉐인, 숙제가 많아서 힘들구나. 울고 싶으면 울어도 돼. 너의 방에서 울고 괜찮아지면 다시 나와서 숙제를 마무리하자.
쉐인 : 숙제가 너무 많아요! 으앙!
엄마 : 선생님께 듣기로는 30분이면 완수할 수 있다고 했는데 이제 20분 했으니 10분 정도 더 하면 끝날 것 같구나. 그렇게 할 수 있지?

이 정도까지 대화가 오가면 거의 아이는 숙제를 마무리해야 함을 인지한다. 엄마가 아이의 눈물에 약해져 그만해도 된다거나 쉬었다 하자고 하면 아이는 매번 엄마의 약한 감정에 호소하기 위해 눈물을 흘린다. 힘들면 울어도 좋다. 하지만 책임은 다해야 하는 자세를 길러줘야 한다. 이 힘이 엄마들이 그토록 열광하는 '그릿(GRIT)'이다.

상대방의 입장을 이해 못 하는 아이

　심리 전문가들이 많이 쓰는 방법과 유사하다. 상대방의 입장을 롤플레이해보는 것이다. 가족을 위해 요리하는 엄마의 역할, 회사에서 일하는 아빠의 역할, 숙제를 내줘야 하는 선생님의 역할, 나쁜 말을 쓰는 친구의 역할, 말 못 하는 강아지의 역할, 몸이 불편한 할머니의 역할 등을 해보는 것이다.

　롤플레이는 저스틴과 내가 영어 수업에서 여러 상황을 이해하도록 사용하는 학습 도구이기도 하다. 상대의 입장에서 생각해보기는 우리에게 친숙한 '역지사지'이다. 사회성이 풍부한 아이는 상대의 입장을 배려할 줄 아는 마음으로부터 길러진다.

4 장

대화

질문하는 아이로
키우기 위한 5원칙

우리는 언어 능력이 뛰어난 아이를 언어 영재라고 한다. 여기서 언어 영재의 기준을 잠시 짚어보자. 일반적인 언어 영재 판단기준은 첫째, 문장으로 말할 수 있는가? 둘째, 수학적 사고를 바탕으로 논리적으로 말하는가? 셋째, 표현이 논리적이고 창의적인가? 넷째, 수식어를 사용하는가? 다섯째, 언어개념이 확장되는가?이다.

보통의 가정에서 이러한 언어 영재를 키우는 것이 과연 어려운 일일까? 나는 가능하다고 생각한다. 원칙을 세우고 꾸준히 지켜나간다면 충분히 가능하다고 생각한다. 저스틴과 내가 쉐인에게 해오는 5가지 원칙이 있다. 이 5가지 원칙을 지키며 재미있는 대화와 책으로 반복적 언어 훈련을 함께한다. 원칙이 바로 세워지면 언어 교육은 어렵지 않다.

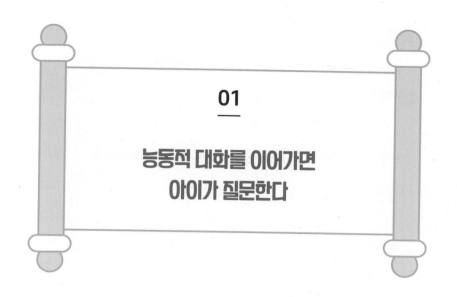

01

능동적 대화를 이어가면
아이가 질문한다

논리적 생각이란 질문과 대답이다

논리적 생각은 질문과 대답으로 이루어져 있다. 질문도 대답도 하지 않는 사람, 아무것도 하지 않고 가만히 있는 사람에게 우리는 이렇게 말한다.

"넌 생각이 없니?"

맞다. 질문과 대답이 없다는 것은 논리적 생각이 없다는 것과 같다. 그 질문과 대답이 이어지는 유대인들의 하브루타 대화는 논리적 사고를 깊고 넓게 만든다.

능동적 대화, 질문으로 기억하고 이해하게 하라

세상에 나를 알리는 최고의 방법인 언어 능력은 지적 자극 대화와 독서 대화로 완성시킨다.

저스틴은 쉐인과 이야기를 나눌 때 중간중간 이해를 했는지 질문을 한다. 그리고 저스틴이 이야기하는 중간에도 질문이 있으면 언제든지 할 수 있도록 한다. 아이의 의문을 기다리게 하지 않고 답해주며 이야기하는 방식이다. 따라서 쉐인은 아빠와 이야기하는 내내 집중을 한다. 다시 말해 능동적 대화를 나누는 것이다.

능동적 대화는 적극적인 대화이므로 오래 기억에 남는다. 우리가 생활하면서 나눈 대화들이 얼마나 현재 임팩트 있게 남아 있을까? 특히 아이들은 어릴 적 부모와 나눈 대화가 살면서 오랫동안 힘이 된다.

저스틴의 질문은 단순히 지적인 것만을 전달하는 것이 아니다. 쉐인의 느낌을 염두에 두고 대화를 한다. 사랑, 믿음, 이해, 신뢰, 도움 등 아이에게 감정을 이해시킨다. 그래서인지 쉐인은 친구들 사이에서도 매우 인기가 높다. 아마도 타인의 감정을 이해하는 면에서 뛰어나기 때문이 아닐까 생각한다.

아이의 생각을 정리하여 다시 질문하라

또한 저스틴의 대화가 가진 특징은 아이의 생각을 여러 방면으로 들어 준다는 것이다. 대화의 주제에서 조금 벗어났어도 결코 지적하는 법이 없다. 그런데 쉐인은 대화를 나눈 후에 항상 무언가 크게 얻는다. 왜냐하면 저스틴은 아이의 생각을 결론적으로 질문형으로 마무리하여 정리하는 시간을 갖게 하기 때문이다. 쉐인의 생각을 듣고 아빠가 판단하고 끝나는 것이 아니다. 쉐인의 생각을 듣고 아빠가 이해한 것이 맞는지 확인한다.

"쉐인, 네가 이야기한 것이 이러한 뜻이 맞니?"

이렇게 아이의 이야기를 논리적으로 다시 한 번 정리해준다. 이때에 쉐인은 매우 집중해서 아빠의 이야기를 듣는다. 자기의 이야기를 아빠의 입을 통해 어떻게 논리정연하게 정리해 표현할 수 있는지 배우게 된다.

시간이 지나면서 아빠의 정리가 점점 줄어드는 것을 느낀다. 왜냐하면 쉐인의 표현력이 아빠를 닮아 점점 논리정연해져서 아빠가 정리할 것이 줄기 때문이다.

질문으로 논리적 생각을 명확히 표현하도록 도와줘라

저스틴이 아이와 이야기할 때 매우 엄격하게 가르치는 부분이 있다. 얼버무리지 못하게 하는 것이다. 저스틴은 자신의 생각을 명확히 표현하도록 가르친다. 쉐인의 생각과 이유를 함께 물어본다. 질문을 통해 아이의 생각을 계속 논리적이고 명확하게 다듬는다. 또한 새로운 생각, 새로운 질문을 주저없이 말하게 한다. 아이가 어떠한 질문을 해도 자세를 바로 하고 들어줄 자세를 갖춘다. 이러한 아빠의 모습에 쉐인은 항상 주변을 호기심 있게 관찰할 수 있다. 새로운 시선의 생각들을 이야기할 때마다 아빠의 칭찬이 쏟아지기 때문이다.

■ 저스틴의 생각 5 :
묻고 질문하게 하라

실제 있었던 일을 소개하겠습니다. 오바마 대통령은 사람들로 가득 찬 연설장에 서 있습니다. 모든 사람이 대통령에게 질문을 하고 싶어 합니다. 그는 한국 언론에 질문할 기회를 주었습니다. 갑자기 침묵이 흐릅니다. 오바마는 혼란스러워 보입니다. 아무도 질문하고 싶어 하지 않았습니다. 대통령직을 수행한 2년 동안 그는 아마도 그렇게 조용한 순간을 가져본 적이 없었을 것입니다. 갑자기 폭탄처럼 큰 침묵이 흐릅니다.

그는 영어가 문제일 것이라고 생각했습니다. 하지만 통역사가 있으니 문제없습니다. 그는 통역을 받기 원하는 기자들이 있는지 묻습니다. 다시 침묵이 이어집니다. 결국 중국 기자가 마이크를 잡았습니다.

왜 이런 일이 일어났을까요? 한국 사람들이 너무 멍청해서 질문거리를 생각하지 못했던 걸까요? 절대로 그렇지 않습니다. 한국의 평균 IQ는 106입니다. 세계에서 세 번째로 높은 수치입니다. 저는 한국인들이 얼마나 똑똑한지 직접 보았습니다. 그렇다면 그 이유는 무엇일까요? 답은 한 단어로 요약할 수 있습니다. 문화입니다.

한국은 유교 사회입니다. 교육에 높은 가치를 두고 있습니다. 수천 년의 한국 사회가 그것을 증언합니다. 제가 만나는 모든 한국 부모는 교육을 마치 거룩한 것처럼 이야기합니다. 그들은 자녀 교육을 계획하는 데 많은 시간을 소비하고 엄청난 돈을 씁니다. 그들은 아이가 스스로 삶을 만들기 위해 교육을 이용하려고 합니다. 한국 부모들은 자녀들을 비싼 학원과 비싼 대학에 보내기 위해 현재의 경제적 안정을 기꺼이 희생할 것입니다. 이처럼 한국 사람들은 교육을 중요시합니다.

유대인들도 교육을 중시합니다. 앞에서 제가 말한 모든 것은 유대인과 한국인에게 똑같이 적용됩니다. 하지만 오바마가 이스라엘을 방문했을 때, 그는 기자들의 질문을 막을 수 없었습니다. 미국에서 가장 유명한 기자들 중 일부는 유대인입니다. 자이언츠는 'Wolf Blitzer', 'Carl Berstein', 그리고 'Larry King'을 좋아합니다. "한 방에 2명의 유대인이 있다면 3가지 다른 의견이 있을 것이다."라는 옛 유대 속담이 있습니다. 한 무리의 유대인을 방에 들어놓으면 토론은 끝이 없습니다. 그렇다면 한국인과 유대인의 차이점은 무엇일까요? 정답은 교육이 무엇을 의미하느냐에 있습니다.

한국인의 가치는 사물 암기 능력입니다. 한국 학교의 시험은 암기 시험입니다. 한국에서 본 거의 모든 테스트는 앵무새 테스트입니다. 선생님은 정보를 줍니다. 그 학생은 그 정보를 암기합니다. 선생님이 그 정보를 요구합니다. 학생은 시험을 위한 정보를 기억합니다. 그러면 학생은 즉시 모든 것을 잊어버립니다. 이 과정은 학생들에게 좋은 점수를 줍니다. 좋은 성적은 그들을 좋은 학교에 들어가게 합니다. 좋은 학교들은 그들을 좋은 직업에 종사하게 합니다. 이것은 한국 교육입니다.

유대인들은 암기를 중요시하지만 다른 방식으로 합니다. 유대인의 가장 성스러운 책은 토라라고 불립니다. 토라는 304,805개의 단어로 이루어져 있습니다. 그 단어들은 모두 멜로디에 맞춰져 있어요. 우리가 토라를 읽을 때는 단지 읽기만 하는 것이 아닙니다. 노래를 부릅니다. 토라 연구 주간 스케줄이 있습니다. 그때 우리는 토라를 하나의 공동체로서 함께 연구합니다. 우리의 성서를 함께 부릅니다.

이렇게 하는 한 가지 이유는 암기를 돕기 위해서입니다. 유대인은 토라를 암송할 수 있도록 노력합니다. 우리는 토라를 외울 수 있는 유명한 랍비들을 존경하고, 토라뿐만 아니라 성경 전체를, 더 나아가 구술 전승까지 암송할 수 있는 랍비들의 이야기를 듣습니다.

암기하는 것은 좋지만 공부의 요점은 아닙니다. 토라의 내용을 아는 것을 토라를 이해하는 것으로 착각하는 유대인은 없을 것입니다. 토라를 이해하기 위해서는 토라에 대해 토론해야 합니다. 이번 토론의 핵심 도구는 탈무드입니다.

많은 한국인들은 유대인들이 탈무드를 소중하게 여긴다는 것을 알고 있습니다. 그것은 사실이에요. 탈무드는 우리의 가장 거룩한 책들 중 하나입니다. 만약 여러분이 한국인에게 "탈무드가 무엇인가?"라고 묻는다면, 가장 흔한 대답은 "교육에 관한 책이다."입니다. 반은 맞는 이야기입니다. 이 책은 어떻게 하면 삶의 모든 면에서 잘 살 수 있는지에 대한 책입니다. 여기에는 교육이 포함됩니다.

탈무드는 수천 년에 걸친 논쟁의 줄임말입니다. 수천 명 랍비의 수많은 의견이 복잡하게 모여있습니다. 내용을 이해하려면 적어도 4개 국어에 대한 지식이 필요합니다. 탈무드의 랍비는 많은 반론을 합니다. 탈무드에는 많은 질문들이 남겨져 있습니다. 이를 이해하는 유일한 방법은 파트너와 함께 일하고, 서로 토론하고, 많은 질문을 하는 것입니다.

그래서 제 요점은 무엇일까요? 토라가 유대교의 기반이기 때문에 유대인들은 토라를 외우거나 토라에 익숙해지기 위해 노력합니다. 탈무드를 이해하려면 그게 필요합니다. 우리는 더 복잡한 것과 상호작용하기 위해 기본적인 것을 외웁니다. 유대인들은 이렇게 유대교를 공부합니다. 이것은 또한 유대인들이 학교 과목을 공부하는 방법입니다. 아이들이 어렸을 때 부모들은 그들의 아이들에게 자료를 외우게 합니다. 하지만 우리는 아이들이 그 자료에 대해 독자적으로 생각할 수 있도록 노력합니다. 우리는 그들에게 질문을 시킵니다. 암기의 과정은 첫 번째 단계일 뿐입니다. 궁극적인 목표는 독립적 사고의 함양입니다.

그래서, 기자 회견에서 무슨 문제가 있었을까요? 왜 아무도 오바마에게 질문을 하지 않았을까요? 그 이유 중 하나는 한국인들이 질문의 중요성을 배우지 못했기 때문입니다. 유대인의 방식으로 배우는 것은 한국인의 발전에 도움이 될 것입니다.

하지만 질문을 꺼리는 것만이 문제가 아닙니다. 한국인은 똑똑해요. 질문할 능력이 있습니다. 이 분야에서 개선되어야 하지만 무능하지는 않습니다. 저는 유대인과 한국인이 권위와 어떻게 관련되어있느냐가 더 깊은 문제라고 생각합니다.

유대인과 한국인은 모두 연장자를 존중하는 것의 중요성을 배웁니다. 아내와 저는 모두 부모님을 존중하도록 배웠습니다. 중요한 것은 우리가 선생님들을 존경하도록 교육받았다는 것입니다. 그러나 교육과 마찬가지로 한국인과 유대인은 이것을 서로 다른 방식으로 이해하고 있습니다.

유대계 서열에서 가장 높은 권위를 자랑하는 인물은 랍비입니다. 그러면 랍비는 누구일까요? 많은 사람들이 랍비라는 단어를 성직자를 뜻하는 말로 번역하는데, 더 정확한 번역은 선생님이 될 것입니다. 유대계 서열에서 가장 높은 사람은 선생님입니다. 유대인이 랍비를 대하는 방식을 통해 그들이 교육에 대해 어떻게 생각하는지에 대해 많은 것을 배울 수 있습니다.

랍비는 토라와 탈무드에 대한 방대한 지식 때문에 존경을 받고 있습니다. 우리는 그들의 지식을 존중하기 때문에 질문을 함으로써 그들에게 존경을 표합니다. 우리에게는 지식이 중요하기 때문에 질문에 대한 답을 듣고 싶어하고, 생각을 바로잡는 것에 신경을 씁니다. 정확하게 이해한다는 것을 어떻게 확신할 수 있을까요? 우리는 토론합니다.

논쟁은 신경이 많이 쓰이는 일입니다. 진리가 중요하기 때문에 자신의 의견을 숨길 수 없습니다. 정말로 진리를 찾고자 한다면 당신은 자신의 의견을 말하고, 진리를 찾기 위해 함께 노력할 것입니다. 그것이 존경입니다. 랍비는 탈무드의 전문가입니다. 하지만, 그들이 모든 답을 가지고 있는 것은 아닙니다. 우리는 진리에 다가가기 위해 토론합니다. 그것이 유대인이 존경을 표하는 방식입니다.

오바마의 연설에서는 이런 역동성이 발휘된 것 같습니다. 한국 사람들은 이 질문에 놀랐습니다. 그들은 오바마가 무엇을 기대하는지 알지 못했습니다. 그들은 회사를 망신시키지 않으려는 마음이 강합니다. 그래서 잘못된 질문을 하게 될까 봐 두려워한 것 같습니다.

하지만 유대인에게 잘못된 질문은 없습니다. 질문하고 토론하는 능력은 유대인들이 성공하는 데 도움을 줍니다. 우리를 창의적으로 만들어주기 때문입니다. 유대인은 어릴 때부터 모든 것을 다양한 관점에서 바라보도록 배웁니다. 보고 듣는 모든 것을 의심하고 모든 것에 의문을 제기하는 법을 배웁니다. 그래서 스스로 생각할 수밖에 없습니다. 이러한 방법은 성공에 필수적입니다.

한국 사람들도 매우 성공했습니다. 교육에 집중한 결과, 한국은 세계에서 가장 잘 훈련된 노동력을 보유하고 있습니다. 한국은 제3세계 국가에서 세계적으로 부유한 나라 중 하나로 탈바꿈했습니다. 지금 한국은 다음 단계를 마스터할 필요가 있어요. 한국은 노동력을 훈련하기보단 창의력을 발휘해야 합니다. 이 책을 읽는 부모님들은 그것을 가능하게 하는 능력을 가지고 있습니다. 아이들에게 질문하는 법을 가르쳐주세요. 이제 어떻게 하는지 이야기 나눠보겠습니다.

질문하는 것은 겸손한 행동입니다. 당신은 자신이 완벽하지 않다고 생각하고 있습니다. 도움을 청하기 위해서는 몸을 낮춰야 합니다. 당신은 당신의 아이에게 본보기가 됩니다. 만약 여러분이 결코 도움이 필요하지 않은 것처럼 행동한다면, 여러분의 아이는 당신에게 도움이 필요하지 않다고 생각할 거예요.

아이들 앞에서 질문을 하세요. 이것은 자녀들에게 질문하는 법을 가르쳐줄 것입니다. 만약 여러분이 무언가를 이해하지 못한다면, 그것을 인정하세요. 뭔가 잘못되었다고 생각되면 말씀하세요. 억울함을 보이면 지적하세요. 만약 당신이 틀렸다면 틀렸다는 것을 인정하세요. 자녀들의 본보기로 살아보세요.

스스로 노력했다면 이제 아이들을 도와야 할 때입니다. 먼저, 여러분은 아이들이 질문하기에 안전한 환경을 만들어야 합니다. 질문을 하는 아이들에게 절대 화를 내지 말라는 뜻입니다. 질문은 종종 짜증 날 수 있습니다. 당신이 참아야지요. 아이들의 질문에 대답하지 않고 그냥 시키는 것이 훨씬 쉽습니다. 인내심을 기르세요. 자녀분들의 모든 질문에 진지한 대답을 하세요.

모든 아이의 질문 중에서 '왜?' 질문이 가장 짜증 나죠. 안타깝게도, 그

것이 대답해야 할 가장 중요한 질문입니다. 아이들은 어른들처럼 원인과 결과 관계를 이해하지 못해요. 그들은 단지 인과관계를 알아내려고 하고 있는 것입니다. 아이들은 비논리적으로 보이는 질문을 던질지도 모릅니다. 성가시게 굴고 싶어하는 것이 아니라 정말 몰라서 물어보는 것입니다.

질문에 답할 시간을 가지세요. 답을 모르면 모른다고 하세요. 아이들에게 대답을 소중하게 여긴다는 것을 보여주세요. 좋은 질문을 할 때 칭찬하세요. 그들이 질문할 때 웃으세요. 만약 여러분이 바쁠 때 질문을 받았다면, 미소를 지으며 말하세요.

"저는 지금 바빠요. 하지만 훌륭한 질문이예요. 한가해지면 다시 얘기해요."

이것은 자녀들에게 질문을 하도록 격려하는 데 큰 도움이 될 것입니다.

그리고 아이들에게 질문을 하세요. 답을 알고 있을 때도 질문을 하세요. 당신이 질문하는 목적은 정보를 얻기 위한 것이 아닙니다. 그것은 당신의 아이들을 가르치기 위해서입니다. 여러분이 질문을 할 때, 그들은 스스로 답을 생각해 내야 합니다. 이를 통해 정보를 처리할 수 있으며 어떤 종류의 질문을 할 수 있는지 배웁니다.

자녀에게 질문을 생각할 시간을 주세요. 아이들은 정보를 처리할 시간이 필요합니다. 질문하는 데 시간이 오래 걸릴 수도 있습니다. 여러분이 책을 읽을 때 잠시 멈추고 생각할 시간을 주세요. 설명을 마치면 잠시 멈춥니다. 정보를 처리할 시간을 줍니다. 질문을 생각하는지 기다려보세요. 그들을 압박할 필요는 없지만 시간을 주는 것은 도움이 됩니다.

당신의 아이들이 난처한 질문을 할지도 모릅니다. 그들을 망신시키지 마세요. 흐름을 따라 가세요. 그들처럼 많은 정보를 주세요. 만약 여러분이 이 시간 아이들을 기분 나쁘게 한다면, 그들은 모두 질문하기를 멈출 것입니다.

여러분의 아이들이 이 기술을 배우고 그것을 적용하면, 여러분의 아이들은 질문을 멈추지 않을 것입니다. 만약 당신이 아이를 키우는 데 유대인의 방법을 반영한다면, 당신의 아이가 갈 수 있는 거리에 제한이 없어질 것입니다.

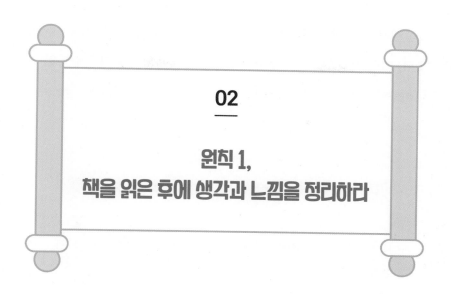

02

원칙 1,
책을 읽은 후에 생각과 느낌을 정리하라

생각하기 위한 표현으로 이끌어라

감상문에 그쳐서는 안 된다. 보여주기 위한 독후감상문이 아닌 생각하기 위한 독서감상문을 쓰게 하자.

아이들에게 일기나 독서감상문을 쓰라고 하면 무조건 "어려워요!" 또는 "생각이 안 나요."라고 호소한다. 생각을 안 하는 것이다. 생각하지 않는 것이 습관이 안 되면 생각하기를 어려워한다. 주어진 문제에 정답만을 맞추려고 한다. 그것이 더 쉬운 것이다.

그래서 나는 책을 읽은 후에 스스로 생각과 느낌을 정리하도록 지도하였다. 아빠하고는 대화로, 엄마하고는 글로 표현 방법을 다르게 하였다. 아빠와의 대화로 상상력과 창의력을 키울 수 있고, 엄마와의 글쓰기로 생각과 느낌을 정리할 수 있다.

쓰기가 막연한 아이들에게는 절차적 시도와 훈련이 필요하다

아이들이 쓰기를 처음에 힘들어하는 것은 당연하다. 이 글을 읽는 당신은 쓰기를 쉽다고 말할 수 있는가? 직업이 작가인 사람들도 쓰기를 힘들어한다.

직장인이면서도 틈틈이 글을 습관적으로 써서 책을 7권을 낸 지인이 있다. 그는 그 비결을 '성근습원'이라고 했다. 이는 본성보다 습관에서 차이가 난다는 뜻이다. 글쓰기도 마찬가지이다. 처음부터 글쓰기를 자신 있어 하는 사람은 없다.

글을 잘 쓰는 비결은 2가지이다. 첫째, 일단 한 문장을 써본다. 아이가 어렸을 때는 일단 자기 생각을 말해보도록 하고, 부모 또는 교사가 생각을 글로 표현해주는 것을 도와준다. 차츰 고학년이 되면서 자기 생각을 글로 표현하는 실력을 갖추게 된다. 그다음 둘째, 글쓰는 습관을 갖는다.

글쓰기가 처음에 매끄럽지 못해도 습관적으로 글을 쓰도록 환경을 만들어준다. 이러한 방법으로 일기, 독후감, 기행문 등등 글쓰는 방법을 늘려본다. 자주 해서 글쓰는 습관이 들면 누구나 글쓰기를 할 수 있다.

글쓰기는 독서와 함께 나를 성장시킬 수 있는 매우 좋은 방법이다. 그래서 나는 독서와 함께 글쓰기를 매우 강하게 권하고 싶다.

독서 후 느낌을 나누며 명확하게 표현하게 하라

저스틴은 책을 읽고 나서 쉐인과 느낌을 나눈다. 아이의 느낌을 듣는 것에 끝나는 것이 아니라 아빠의 느낌도 이야기해준다. 그리고 이러한 이야기 나누기는 아이의 생각나무에 열매가 맺히게 한다.

또한 이야기를 나눈 것은 생활에 반영이 되어야 한다. 이것은 '언어의 책임감'이라고 표현된다. 말을 뱉고 끝나서는 안 되고 실천으로 이어져야 하는 것이다. 책을 읽고 명확하게 표현하는 습관은 명확한 사고력을 기른다. 이러한 명확한 사고력은 살면서 부딪히는 어려움을 스스로 극복하게 만들어준다.

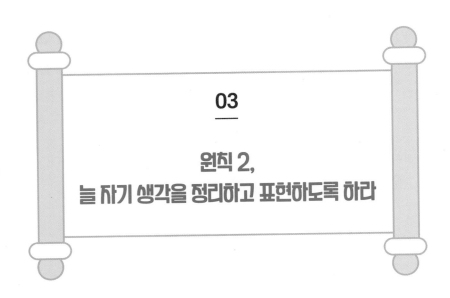

03

원칙 2,
늘 자기 생각을 정리하고 표현하도록 하라

질문은 아이가 나아지려는 행동이다

아이가 질문을 하거나 다르게 대답했을 때 저스틴은 크게 칭찬한다. 저스틴이 질문하는 모습을 항상 바라본 쉐인도 매우 질문을 좋아한다. 궁금하면 그냥 넘기는 법이 없다. 질문을 했을 때 제대로 이해가 안 가면 계속 질문을 한다. 이러한 때에 엄마인 나는 당혹스러울 때도 있다. 하지만 아빠인 저스틴은 아이가 이해될 때까지 설명을 해준다. 그 설명 중간 중간에 이해를 하고 있는지 질문을 던진다.

알고자 하는 마음이 없거나 전혀 백지상태인 경우 질문은 불가능하다.

질문이 많은 아이의 태도에 기뻐하자. 단, 질문을 아무렇게 하지 않도록 해야 한다. 그냥 "몰라요." 하는 것은 질문이 아니다. 어느 부분, 어느 관점에서 의문이 가는지를 세심하게 짚어낼 수 있어야 한다.

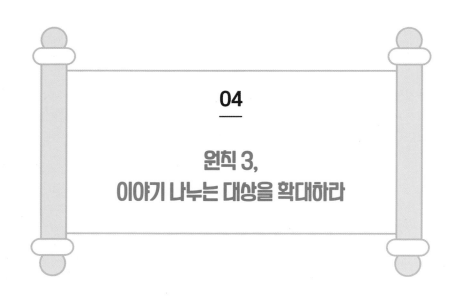

04

원칙 3,
이야기 나누는 대상을 확대하라

다름을 이해하는 기쁨을 가르쳐라

내가 저스틴을 만나고 제일 즐거움을 맛보는 것이 '다름을 이해하는 것'이다. 우선은 언어의 다름, 문화의 다름, 관습의 다름이 무척 재미있다. 그리고 그다음이 그에 따라 나오는 아주 다른 여러 사람을 만나는 것이다. 따라서 이야기 나누는 대상이 무척 확대되었다. 내가 만약 한국어만 고집하고 영어라는 언어를 몰랐다면 나의 세계는 매우 한정적일 것이다. 영어를 익히고 조리 있게 말할 수 있게 되면 즐거움이 커진다.

저스틴은 새로운 장소, 새로운 사람, 새로운 주제 등을 흥미로워한다.

그래서 아들 쉐인에게도 다양한 사람과 이야기할 수 있는 기회를 많이 만들어주려고 한다. 매일 만나는 사람들, 학교 친구들, 가족에서 전혀 새로운 장소, 전혀 예상 못했던 사람들과 대화하면 새로운 것들을 많이 알게 된다.

'소통'이라는 것은 신비롭고 멋진 일이다. 아이가 여러사람들과 다양한 주제로 이야기 나누도록 부모가 기회를 많이 만들어주어야 한다. 그러려면 영어는 필수일 수밖에 없다. 부모가 보여줄 수 있는 세계에서 아이 스스로 확대해서 만날 수 있는 세계는 무궁무진하다.

한국에서 영어를 가르치는 외국인 교사들을 우리는 '원어민 교사'라고 부른다. 한국에 온 지 13년이 넘었고 한국인 와이프가 있는 저스틴도 한동안 매년 원어민 교사 연수를 가야 했다. 저스틴과 나는 쉐인을 데리고 참여해보았다. 쉐인은 또래 친구들이나 동생들에게 영어를 가르치기 좋아한다. 그래서 한국에서 영어를 가르치는 원어민 선생님이 무엇을 연수하는지 보여주고 싶었다. 대강당에 모인 수많은 원어민 선생님들을 보는 쉐인은 매우 흥미로워했다. 또한 외국인이 다른 나라에 가서 살 때 기본적으로 지켜야 할 것들을 제3자의 입장에서 경청할 수 있었다. 지금 쉐인은 주로 배우는 입장이지만 가르치는 선생님의 입장에서 생각해보는 좋은 기회가 되었다.

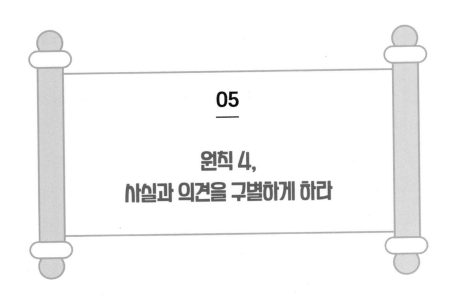

05

원칙 4,
사실과 의견을 구별하게 하라

무엇이 의견이고 무엇이 팩트인지 알게 하라

어른인 나도 사실과 의견을 구별하기란 쉽지 않다. 이는 다양한 독서로 구별할 수 있는 능력을 끊임없이 길러야 가능하다. 이 능력이 부족할 경우 편협한 사고를 가질 수 있다.

저스틴은 쉐인에게 사실과 의견을 구별할 수 있도록 질문을 많이 던진다. 쉐인의 의견을 진중하게 듣고 저스틴 자신의 의견을 말한다. 또한 사회적인 이슈가 되는 부분은 다른 사람의 의견을 들어볼 기회를 만들어준다. 어떠한 사실이 있을 때 그것을 대하는 의견은 여러 가지로 나누어질 수 있음을 이해시킨다. 이러한 때에 여러 근거 자료와 여러 책들을 사용한다. 그래서 쉐인의 시각은 초등학생 3학년이지만 매우 폭넓다. 시간이 지날수록 우리 가족의 대화는 깊이가 더해진다. 대화가 끊어지지 않는 가족의 모습은 행복감을 가져다준다.

팩트에 대한 의견을 말할 수 있고 나눌 수 있음을 가르쳐라

근거를 가지고 생각하는 것, 함축과 결과, 개념과 아이디어. 아이에게 생각하는 힘을 길러주는 것은 매우 중요하다. 이때에 근거를 가지고 생각하는 습관을 기르도록 하고 있다. 쉐인과 대화를 나눌 때 저스틴이 항상 요구하는 '왜? 무엇 때문에? 그래서?'는 아이를 매우 깊게 생각하도록 만들어준다. 쉐인이 대답을 할 때 생각을 길게 나열할 수는 없다. 왜냐하면 함축해서 듣는 사람을 위해 말하도록 요구하기 때문이다. '함축과 결과'는 팩트에 대한 의견을 말할 때 매우 중요한 부분이다. 유대인의 대화는 내 의견을 말하는 것이 중요한 게 아니라 내 의견을 설득시키는 데 목적을 두고 있다. 그래서 쉐인에게 함축해서 결과를 말하도록 지도하는 것이다.

미국은 정당에 대한 자신들의 의견을 매우 자유롭게 말한다. 같은 정당을 지지하는 사람들끼리 식사를 함께 하기도 하고 지지하는 후보의 모자를 함께 구입하기도 한다. 그러면서 동질감으로 즐거워한다.

쉐인도 당연히 이러한 모임에 몇 번 참석하여 즐거움을 함께 나눴다. 한마디로 참여하는 정치, 민주정치를 자연스럽게 보여준 셈이다. 이것은 미국 정당에 관한 우리의 의견인 것이다. 우리만이 옳고 다른 것은 틀리다는 것이 아니다. 자기의 의견에 충실하게 표현하는 것이 중요하다고 생각한다. 이것도 싫고 저것도 싫다는 무관심으로는 우리 사회가 나아질 수 없다. 아이들도 어릴 적부터 정치, 경제, 예술, 문화에 관심이 생기도록 해야 한다. 그러면 어른이 돼서도 한 방향으로만 기울어져 의견과 사실을 구별하지 못하는 경우가 생기지 않는다.

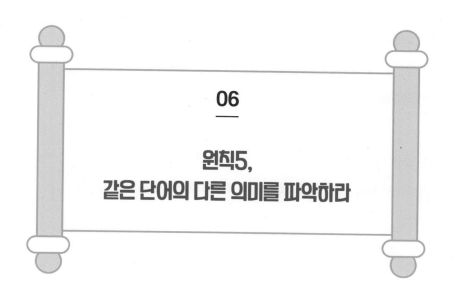

06

원칙5,
같은 단어의 다른 의미를 파악하라

많은 어휘를 외우는 것이 중요한 게 아니다

아이들이 글을 읽거나 대화를 할 때 제대로 이해 못 하는 경우가 많다. 이럴 때 부모님들이 흔하게 오해하시는 부분이 있다. 아이가 어휘력이 부족하기 때문에 의미를 파악 못 한다고 생각하는 것이다. 그래서 어휘력 사전 등을 가지고 많은 어휘를 습득하게 한다.

그러나 나는 이 방법보다는 독서와 대화가 효과적인 방법이라고 말하고 싶다. 책을 많이 읽고 대화를 풍부하게 해본 아이들은 맥락 이해가 빠르다. 같은 단어이지만 의미가 다르다는 것, 다른 단어이지만 의미가 같다는 것은 아이들의 독서와 대화의 경험이 풍부해야 얻어진다.

맥락을 이해하며 소리 내어 반복 연습하라

말을 하고 글을 쓰는 데 가장 중요한 재료는 적절한 단어들이다. 때에 맞게 쓰여지는 단어들은 말과 글을 풍부하게 만들어준다.

그래서 저스틴은 매일 새로운 단어를 쉐인에게 알려주고 있다. 이때 반복적으로 소리 내어 연습하게 한다. 그리고 그 단어가 들어가는 문장을 함께 여러 가지로 만들어본다. 같은 단어이지만, 의미가 다르다는 것을 함께 파악한다. 아이에게 여러 가지 단어를 가르쳐주면 아이의 표현은 매우 확대된다.

긴 지문을 이해 못 하고, 전체를 파악 못 하는 이유는?

아이들이 수능 문제를 어려워하는 이유 중 하나가 긴 지문을 이해 못 하기 때문이다. 긴 지문을 이해하기 위한 가장 좋은 방법은 '독서'일 수밖에 없다. 독서를 하면 전체를 파악하는 게 매우 수월해진다.

하지만 계획이 없는 독서는 긴 시간이 든다. 우리는 아이들에게 '구조화 학습'을 통해 독서를 계획해 할 수 있도록 가르쳐야 한다. 이를 통해 같은 시간 내에 매우 효율적인 독서를 경험할 수 있다. 이를 경험하면 아이들은 효율적인 독서를 통해 독해력을 매우 급격하게 향상시킬 수 있을 것이다.

시험을 위한 읽기와 독해에 대하여

다양하고 깊은 독서가 안 된 상태에서 시험을 위한 읽기와 독해만 하면 읽기 자체는 나아지기 힘들다. 단순하게 시험 범위 내에 있는 교과서나 권장도서 내의 독서는 독해력의 범위를 제한한다.

저스틴은 교육을 매우 장기간의 계획으로 보고 있다. 그래서 학원을 단기간에 이리저리 옮겨다니는 것이 이해가 안 간다고 한다. 나 역시 이 생각에 동의한다. 부모님의 관심 속에 아이가 좋은 환경 속에서 장기간 계획으로 학습을 해야 단기적 결과인 시험도 좋은 결과를 볼 수 있다.

"교재가 언제 끝나요? 수업은 언제 끝나요?"

이런 질문을 받는다. 그러면 묻는다. 배움의 의미는 무엇인가?

유대인 저스틴을 통해 교육을 시험을 위한 방법으로 생각했던 편협한 내가 아주 많이 바뀌었다. 유대인에게 교육은 인생을 살아가는 데 꼭 필요한 것이며 그들의 삶을 크게 지배한다. 그러하기에 수업에 있어서 "교재가 언제 끝나요?"라는 부모님의 질문과 "수업은 언제 끝나요?"라는 아이의 질문은 난감할 수밖에 없다. 이는 배움을 단기간에 끝내도 좋으며 이해하는 것을 중요하지 않게 생각한다는 의미다.

아이는 배움을 통해 반드시 질문하는 과정이 필요하다. '질문'을 통해 선생님은 아이가 제대로 이해했는지 알 수 있다. 기다림의 미학이 배움에서도 꼭 필요한 이유이다.

언어 능력이 학습 능력이다.
언어 능력이 읽기 능력이다.
언어 능력이 독서 능력이다.

언어 능력이란 바르게 수용하고 표현하는 능력이다. 경청도 언어 능력이다. 유대인의 교육을 우리가 흡수하여 많은 아이들이 행복한 교육을 경험하기를 바란다. 또한 아이들이 스스로 부족함을 인지하여야 한다. 이것이 메타인지다.

이렇듯 교육은 나 자신, 아이 자신이 스스로 나아지는 것을 경험할 수 있는 행복한 방법이다.

저스틴이 쉐인에게 해오는 꾸준한 교육은 '독서를 통한 행복한 교육'이라고 요약할 수 있다. 결국은 쉐인이 부모와 교사의 도움 없이 스스로 성장할 수 있는 교육의 방법을 알게 해주는 것이다. 또 하나의 방법은 부모와 교사가 끊임없이 배움과 가까이하는 모습을 보여주는 것이다.

5 장

학습 능력

잘 노는 것도
배움의 기초가 된다

흥미와 놀이로 언어 능력을 향상시키는 것은 매우 효과적인 시작이다. 이를 제대로 이어지게 해주는 것이 교사와 부모의 역할이다. 하지만 대부분 어렸을 때 정성을 기울인 것에 반하여 고학년이 되면 아이의 능력에 맡긴다. 아이가 꾸준한 바른 독서를 할 수 있게 계속 정성을 기울여야 한다. 놀이 학습으로 재미있고 쉽게 배운 언어 능력을 깊은 학습능력으로 전환하려면 책을 읽고 이해할 뿐만 아니라 체계적으로 기억해야 한다.

이때 언어 능력이 뛰어난 아이들은 교과서의 이해가 수월할 수밖에 없다. 반대로 언어 능력이 부족한 아이들은 교과서 이해가 우선되지 않는다. 이해가 되지 않으니 학습에 난관이 생긴다. 아이들이 독서를 통해 구조화를 알면 모든 과목이 쉬워진다. 독서를 통해 전체와 부분의 이해가 수월하기 때문이다. 따라서 초등학교뿐만 아니라 중 · 고등학교 때에도 독서에 우선순위를 두어야 한다. 학습 시간 확보에 독서 시간을 포함시켜야 하는 이유다.

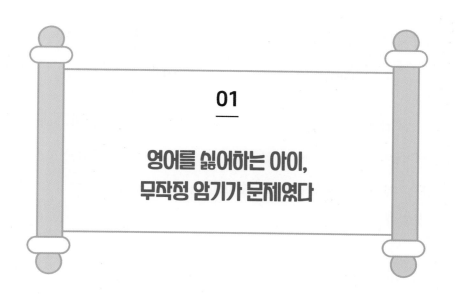

01

영어를 싫어하는 아이, 무작정 암기가 문제였다

잘못된 영어 레벨 평가 때문에 주눅 드는 아이들

10년이 넘게 영어학원을 하다 보니 다양한 아이들을 만나게 된다. 그 동안 만나온 아이들을 영어학원 원장 입장에서 크게 분류한다면 두 가지 이다. 하나는 영어를 좋아하는 아이이고 다른 하나는 영어를 싫어하는 아이이다.

물론 아이들은 영어를 잘하기 위해서 영어학원을 방문한다. 무엇이든 잘하려면 우선 좋아해야 한다. 영어를 좋아하여 관심이 높은 아이들은 매우 효과가 높다. 오감을 동원하여 언어로서 받아들이고 자주 내뱉으려

한다. 원어민이 지나가면 우선 환하게 인사부터 한다. 바라보는 나는 매우 흐뭇하고 행복하다.

그런데 나를 난감하게 하는 것은 영어를 싫어하는 아이다. 이 중에는 영어유치원을 나온 아이도 있고 엄마표 영어를 꾸준히 해온 아이도 있다. 방법의 문제가 아니라 영어 수업할 때 아이가 받아온 느낌이 중요한 것 같다. 가르치는 교사의 태도가 매우 중요하다고 할 수 있다.

아직도 주입식, 문제풀이식 영어 수업으로 아이들을 힘들게 하는 곳이 많다. 힘들게 2시간을 영어 수업을 했어도 다음날 아이들의 머릿속에는 거의 남아 있지 않는다. 영어는 학습이 아닌 언어로서 접근해야 한다. 특히 영어에 노출이 처음 되는 아이에게 이 점이 매우 중요하다.

매일 신입생 문의가 이어진다. 우리 학원에 다녀서 외국에 나가지 않았어도 원어민과 부담 없이 대화하는 아이들이 많이 있다. 그래서 입소문으로 신입생 방문이 계속 이어지는 것 같다.

나는 신입생 중에 선호하는 연령이 있다. 6살에서 7살이 된 아이들이다. 이 연령의 아이들이 신입 상담이 오면 나는 정말 신이 난다. 영어 거부감이 전혀 없는 시기이기 때문이다. 그저 새로운 것에 흥미를 갖는 초롱초롱한 눈빛을 보면 기대감에 가슴이 벅차다. 나는 이 '6살 손님'이 앞으로 얼마나 영어를 즐겁게 익힐지를 상상할 수가 있다. 두려움이 거의 없이 수업 내내 '모방의 천재'를 바라보는 선생님은 너무 즐겁다. 이 아이들은 선생님을 친구처럼 생각한다.

"신디! 신디 머리 바꿨어요? 신디는 저스틴 하고 결혼했어요?"

나를 원장님이라고 부르지 않는다. 수업에 들어가면 손잡고 같이 춤추는 나는 그들의 친구이기 때문이다.

왜 그들은 어린 나이에 벌써 영어가 싫어졌을까?

그다음 내가 제일 난감해하는 신입생 부류를 말해본다. 영어유치원 2년에서 3년 다녔는데 영어를 싫어하는 아이이다. 들어올 때부터 입구에서 엄마가 실랑이를 한다.

"싫어! 난 영어 안 해! 레벨 테스트 보기 싫어!"

나는 유치부 아이들과 저학년이 들어오면 지필 레벨 테스트를 길게 보지 않는다. 그런데도 그 아이들은 지레 레벨테스트에 겁을 먹는다. 이미

다른 곳에 가서 시달리고 온 것 같다.

"이곳은 영어를 재미있게 하는 곳이야."

입구로 달려 나가서 달래봐도 힘들다. 왜 이 어린 나이에 벌써 영어가 싫어졌을까? 답은 간단하다. 어머님의 기대감이 그동안 너무 컸기 때문이다. 그 지나친 기대감이 역효과가 나니 어머니도 매우 속상하실 것이다. 영어유치원은 일반 오후 수업보다 교육비가 매우 높다. 이 말은 교육비와 비례하여 교육 효과도 크길 원한다는 것이다. 그러니 무리하게 아이를 힘들게 할 수 있다. 영어 노출 시간이 클수록 아이들에게 영어의 결과는 크다. 영어는 학습이 아닌 훈련이다. 훌륭한 코치를 만나 꾸준하게 연습하면 영어는 누구나 되는 것이다.

나는 이 훌륭한 코치가 되고자 그동안 많은 노력을 해왔다. EFL 환경의 한국에서 영어를 배우는 아이들에게 교재는 매우 중요하다. 미국인 남편이 영어 수업을 할 때 제일 힘든 부분이 바로 교재선정이다. EFL 환경이라 함은 영어를 배우는 곳을 떠나면 영어 노출 환경이 전혀 없는 것이다. 미국의 아이들처럼 늘상 24시간 영어 환경이 아닌 우리나라 아이들은 그래서 힘들다. 이러한 EFL 환경은 무시한 채 많은 영어학원에서는 영어 원서를 아이들에게 들이대고 있다. 그 이유는 간단하다. 비싼 교육비를 낸 어머니들이 영어 원서로 수업해주기를 원하기 때문이다. 늘상 24시간 영어 환경이 되는 미국의 아이들이 아닌데 말이다.

만약에 알아듣지 못하는 독일어를 수준을 높인다는 이유로 제대로 읽지도 못하는 때에 글자수가 많은 원서를 당신에게 준다면 어떠하겠는가? 아마도 이해하기는커녕 머리가 아파올 것이다. 실제로 아이의 수준보다 높은 클래스에서 수업하는 아이들이 두통을 호소하는 경우가 있다.

어머니의 눈높이가 아닌 아이의 눈높이에서 영어를 즐겁게 한다면 아이가 영어를 싫어할 이유는 없다. 아이가 영어를 싫어한다면 나는 그것은 엄마의 책임이라고 생각한다.

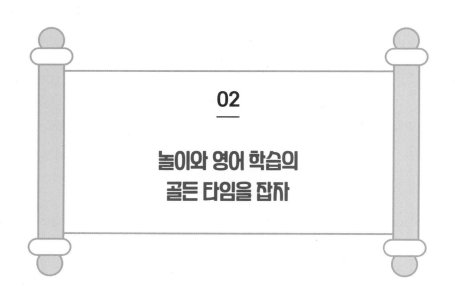

02

놀이와 영어 학습의
골든 타임을 잡자

독서와 영어를 필요로 하는 때를 찾아라

영어는 단순 암기 과목이 아니라 사람과 사람의 의사소통의 도구라는 사실을 안다. 그러나 소통을 위해서는 한국어를 사용할 때처럼 소통을 위한 배경지식이 풍부하고 쌓아온 경험이 다양해야 한다. 이런 경험이 없다면 간접 경험의 최고 방법은 단연 독서이다. 전달하고 싶은 내용을 어떻게 표현하는지 책으로 알아가는 것이다. 이런 표현력과 자신감을 함께한다면 영어는 더욱 완벽해진다.

골든 타임은 같은 시간내에서 가장 효율적인 결과를 낼 수 있을 때를 지칭한다. 나에게 골든 타임은 나의 필요로 독서와 영어를 할 때였다. 사교육 현장에서 내가 느낀 아이들의 골든 타임은 '호기심이 왕성한 시기' 이다. 아이에 따라 차이는 있겠지만 이때가 가장 효과를 크게 발휘할 수 있다.

어린이 동화의 대화문에서 소통에 관한 표현을 모방해야 한다

나는 14년 동안 〈신디샘어학원〉을 운영하고 있다. 이곳에서는 영어와 수학을 가르친다. 나는 나에게 맡겨진 아이들의 영어와 수학을 책임지려고 많은 노력을 하고 있다. 좋은 교재, 좋은 환경, 좋은 교사에 신경을 많이 쓰고 있다. 기초부터 탄탄하고 재미있게 하다 보면 아이들의 실력은 중급 수준까지 쉽게 올라간다.

그런데 중급 수준에서 상위, 또는 최상위 수준에 것은 아이마다 다르다. 어떤 아이는 이 단계에서 놀랄 만큼 폭발적으로 상승하고 어떤 아이는 중급 수준에서 안타깝게 오래 머문다.

고민하고 또 고민하고 이유를 생각해냈다. 이유는 단순했다. 중급 수준에서 상위 수준으로 올리는 혹 끌어올리는 비법은 독서에 있었다. '가족독서문화'를 통해서 대화 주제를 찾아낼 수 있다. 독서를 통해 다양한 이야기를 영어로 표현해낼 수 있다.

나는 학교 다닐 때에는 영어에 관심이 없었다. 왜 배워야 하는지 이유를 모르고 수업은 듣기만 하니 재미가 없었다. 나는 학교에서 배우는 교과목으로서의 영어는 훌륭하지 못했다. 단어도 외우기 힘들어했고 문법도 이해하기 어려웠다. 따라서 영어가 힘들고 재미없었다. 그런데 지금 나는 유대인 미국 남편과 결혼해서 14년째 영어학원을 하고 있다. 나에게 무슨 일이 있었던 걸까?

미국인 남편, 저스틴을 만나니 영어는 나의 생활 자체가 되었다. 생활 자체가 되니 열심히 할 수밖에 없었다. 열심히 영어 단어를 익히고 생활 속에서 표현을 많이 활용하였다. 활용하는 방법은 저스틴과 자주 이야기를 하는 것이었다. 이야기를 나누려면 내가 아는 주제에 대한 영어 표현이 풍부해야 한다. 그래야 대화가 막힘없이 이어진다. 다행히도 저스틴이 흥미로워하는 주제 등에 관해 나는 이야기할 거리들이 많았다. 이 모든 것은 어릴 적부터 쌓아온 책을 통한 간접 경험들에서 온 것이다.

암기 과목이 아닌 영어를 내가 잘할 수 있는 비결은 두 가지이다. 첫째는 영어 독서를 통한 배경지식을 많이 갖는 것이고 둘째는 직접 소통하는 것이다. 나는 이 방법으로 영어에 성공했고 내가 가르치는 아이들에게도 적극 권하고 있다. 교재만을 가지고 알게 된 영어는 쉽게 잊어진다. 수영하는 방법을 말로만 익히고 직접 물에 들어가지 않으면 할 수 없다. 영어는 수영과 같다. 수영할 때 물에서 많은 연습을 해야 하듯이 영어도 마찬가지다. 책을 통해 배경지식을 갖고 입을 통해 훈련하는 것이 가장 좋은 방법이다.

독서와 영어는 매우 밀접한 관계로 이어진다. 영어 독서 따로, 영어 따로가 아닌 함께하는 골든 타임이 필요하다. 당연히 어릴 적부터가 좋다. 나는 0살부터 아니 태교를 할 때부터가 독서와 영어의 골든 타임이라고 생각한다.

■ 신디샘의 생각 5 :

태교 독서는 아이와 엄마 둘 모두에게 좋다

나는 태교 때부터 책을 아이에게 읽어주는 것이 좋다고 생각한다. 이를 '독서 태교'라고도 하는데 여러 가지 장점을 가지고 있다. 물론 아이에게 좋기도 하지만, 부모가 되기 전 다양한 독서로 교양을 쌓고 마음의 안정을 얻을 수 있으니 이도 매우 중요하다고 생각한다.

그리고 아이가 태어나서 엄마가 읽어주는 책, 아빠가 읽어주는 책 둘다 아이에게는 매우 평온한 감정을 가져온다. 태교 때부터 배 속에서부터 들어온 엄마, 아빠의 목소리가 그대로 이어오는 것이다. 부모가 나를 사랑해주는 마음을 느끼는 것은 언어 발달과 함께 아이에게 매우 좋은 정서적 안정감을 가져다준다.

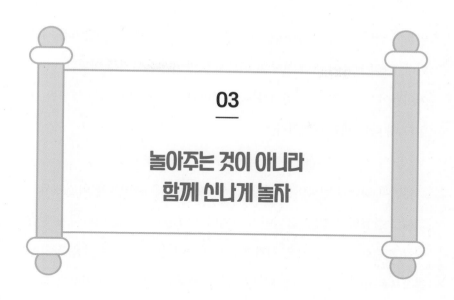

03

놀아주는 것이 아니라
함께 신나게 놀자

놀이가 배움이며 놀이가 사랑이다

놀이는 부모와 아이가 소통을 하며 행복을 느끼는 최고의 방법이다. 놀이를 통해 아이들은 소통 이외에도 다양한 규칙과 방법을 익히게 된다. 따라서 놀이는 놀이로 끝나는 것이 아니다. 놀이가 배움이며 놀이가 사랑이며 놀이가 삶의 지혜를 익힐 수 있는 방법이 될 수도 있는 것이다.

영어는 암기 과목이 아닌 놀이로 익혀야 한다

어린아이에게는 영어 독서 대신에 놀이 경험을 영어로 표현하는 것을 익혀야 한다. 왜냐하면 놀이는 아이들이 가장 행복해하는 시간이기 때문이다. 나의 교육에 관한 철학은 '행복하지 않으면 아무것도 아니다.'이다. 아이들이 "신디쌤! 저는 영어가 제일 재미있어요!"라고 말하며 영어를 표현할 때 나는 제일 행복하다.

쉐인이 영어와 한국어를 익힐 때 사용했던 많은 놀이들을 학원에서도 그대로 활용하고 있다. 움직이며 느끼며 공감하는 놀이는 아이들에게 영어를 학습이 아닌 즐거운 시간으로 받아들여진다. 그래서 같은 상황에 불쑥불쑥 영어를 표현하게 된다. 교재를 펼쳐놓고 무작정 암기하고 시험을 본 고학년에게는 전혀 기대할 수 없는 결과이다.

아빠는 최고의 경제 선생님이다

아이들에게는 책 읽기만큼 중요한 것이 있다. 바로 노는 시간이다. 중요한 것임을 아는 만큼 나는 쉐인과 많은 놀이시간을 가지려 노력한다. 아이 아빠인 저스틴은 아들과 절대 '놀아주지' 않는다. 함께 신나게 논다. 옆에서 바라보면 아들보다 남편이 더 재미있어 한다는 생각까지 들 정도로 매우 몰입해서 함께 논다.

저스틴이 자주 하는 아이와의 놀이는 여러 가지 보드게임들이다. 그

중에서 아이가 돈에 관한 개념이 시작될 때 모나폴리라는 게임을 자주 했다. 가상화폐를 가지고 관리와 함께 투자를 해야 한다. 그렇게 해서 재산을 늘려나간다. 모나폴리 게임은 단순히 승패를 가루는 게임이 아니다. 게임을 하면서 생각을 나누며 전략을 짠다. 정말 쉴 새 없이 대화하며 성과를 만들어낸다.

이 게임은 3형제에게 달란트를 나눠주는 이야기와 흡사하다. 달란트를 똑같이 나누어주고 1년 뒤 결과를 보겠다는 아버지와 비슷하다. 첫째는 잃을까 무서워 그대로 보관을 한다. 둘째는 평범한 방법으로 안전하게 조금 달란트를 늘린다. 셋째는 지혜롭게 전략을 짜서 크게 달란트를 늘린다.

이 게임 하나로 아이는 지혜를 배울 수 있다. 이 게임은 셋째 아이처럼 지혜롭게 전략을 짜서 재산을 늘려 나가야 한다. 유대인 아빠 저스틴은 쉐인이 7살인 때부터 유대인의 경제관념을 게임을 통해 심어주고 있었다.

놀이는 아이를 성장시킨다

아이들의 성장은 두 가지이다. 신체적인 것과 정신적인 것이다. 이 두

가지가 함께 성장하기 위한 좋은 방법은 놀이이다. 놀이 중에서 부모와의 놀이는 최고이다. 부모와 함께 잘 놀아본 아이는 또래 친구들과도 잘 논다. 주변에 맴돌지 않고 적극적으로 참여해서 논다. 아이들은 놀이를 통해 이 세상에 대해 많은 것을 배울 수 있다. 책을 통한 배움도 중요하다. 하지만 나는 몸으로 부모님과 함께 놀며 배우는 것이 최고라고 생각한다. 놀며 배울 수 있다는 것은 놀이의 최고 장점이지만 아이들에게 드러내고 가르치려고 하면 안 된다. 놀이는 놀이임을 잊지 말자!

학습에 놀이를 접목시키는 것은 매우 좋은 방법이다. 오감을 통해 익힌 학습은 오랫동안 아이들의 뇌에 남는다. 임팩트 없이 받아들인 정보는 작업 기억, 단기기억에 머물러 오래 남지 않기 때문이다. 하지만 티를 내고 놀이를 통해 무언가를 가르치려고 하면 아이들은 거부감을 갖게 된다. 학습에 놀이를 접목시키는 것은 어린이집이나 유치원에서 교사가 할 일이다.

놀이 교육을 체계적으로 교육받은 교사들은 매뉴얼을 활용하여 진행을 한다. 그러므로 아이들은 이런 놀이 교육에 몰입해서 효과를 볼 수 있다. 하지만 체계적인 교육을 받지 않은 부모가 놀이를 통해 가르치려고 하면 아이들은 집중하지 않는다.

아이는 블록으로 상상력을 발휘하며 놀고 싶은데 이렇게 질문하지 않도록 하자.

"우리 이 블록을 영어로 세어볼까?"
"지금 가지고 있는 것은 영어로 뭐라고 해?"

왜냐하면 아이들은 눈치가 매우 빠르기 때문이다. 가르치려는 부모와의 놀이를 거부하고 차라리 장난감과 얘기하며 혼자 놀려고 할 수가 있다. 부모와의 놀이는 아이가 주도적이 되야 한다. 그래야 아이는 더욱 재미있게 논다.

나는 아이가 아들일 경우는 특히 아빠와의 놀이를 적극 권해주고 싶다. 아들일 경우 대부분의 시간을 여자들과 보낸다. 유치원과 학교 선생님 대부분이 여자이기 때문이다. 대근육이 발달된 남자아이들은 소근육을 사용하는 놀이보다는 약간은 과격하게 놀기를 좋아한다. 이런 놀이들을 여자인 선생님이나 엄마가 해주기는 힘들다. 아빠와의 신체적 놀이로 유치원이나 학교에서 억눌렸던 에너지를 해소시켜줄 필요가 있다.

여자아이들은 눈치도 빠르고 언어가 발달되어 있다. 따라서 선생님에게 혼날 행동은 스스로 자제하며 칭찬받으려 노력한다. 하지만 남자아이들은 그렇지 못하다. 대근육이 발달한 남자아이들의 행동반경이 커지면 선생님에게 주의를 듣기가 쉽다. 그래서 아빠가 함께하는 레슬링, 권투, 태권도 등의 격투 놀이는 남자아이에게는 너무나 즐거운 놀이가 된다.

때에 따라 엄마가 해줄 수 있는 놀이가 있고 아빠가 해줄 수 있는 놀이가 있다. 주변에 찾아보면 다양한 정보들은 쏟아져 나온다. 부모가 아이를 기쁘게 해줄 수 있는 방법은 무궁무진하다. 비싼 장난감을 안겨주기보다는 정서적인 안정감을 느낄 수 있게 함께 놀아주자. 아니 함께 재미있게 놀자. 그것이 최고의 육아이며 좋은 부모가 되는 방법이다.

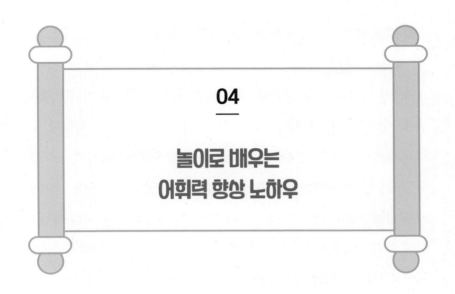

04

놀이로 배우는
어휘력 향상 노하우

한국어와 영어를 동시에 잡은 방법은?

쉐인은 말을 하거나 글을 쓸 때 다양한 어휘를 자유롭게 사용하고 있다. 다양한 어휘를 안다는 것은 언어 훈련에서 매우 중요한 부분이다. 부모인 저스틴과 나는 각각의 단어들을 아이가 반복해서 익힐 수 있도록 하였다. 한국어가 모국어인 나는 한국어를 담당하고 영어가 모국어인 저스틴은 영어를 담당하였다. 언어는 다르지만 우리가 공통적으로 사용한 방법 3가지를 소개한다.

첫 번째, 생활 주변에서 찾는다 (어휘의 이미지화)

아이가 어렸을 때에는 아이가 눈으로 볼 수 있는 것들의 어휘를 계속 말해주었다. 아이는 이때에 눈으로 보며 부모의 음성을 귀로 듣는다. 그리고 입으로 따라 한다. 손으로 만져볼 수 있는 촉각을 활용하면 더욱 좋다. 또는 시원한 바람이라든지 부드러운 인형처럼 꾸미는 말도 넣어서 자주 말해주었다. 아이가 어렸을 때에는 직접 오감으로 익히는 어휘력 향상 암기법이 효과적이었다. 아이가 글을 읽기 시작한 후에도 어휘를 이미지화하는 방법을 계속하였다. 글자를 글자로만 익히는 것보다는 이미지로 기억하는 것이 오래 남는다. 여기에 상상력이 발휘되면 더욱 좋다.

주로 중·고등학생들이 어휘를 익히는 방법인 무조건 여러 번 써보는 것은 어휘 익히기에 좋지 않다. 오랜 시간을 억지로 외웠어도 금세 잊어버린다. 우리 뇌가 작업 기억에 잠시 두었기 때문이다. 쉐인의 어휘 익히기는 실제 사물을 보면서 하는 방법을 주로 사용하였다. 볼 수 없는 것들은 선명하게 상상할 수 있도록 도와주었다. 이러면 장기기억에 들어가 하고 싶은 상황에서 그 어휘들을 인출할 수 있다.

두 번째, 주제를 정해서 어휘를 익힌다

아이가 주변 사물의 쓰임새를 인지한 후부터는 주제를 정해서 어휘를 익혔다. 탈 것, 먹을 것, 놀 것 또는 동물, 식물, 직업 등으로 주제를 정해서 어휘를 익히니 범위가 매우 크게 확장되었다. 또한 스무 고개 같은 게임을 하였다. 한 사람이 먼저 어휘를 생각하고 상대방은 질문을 던져 추측하여 그 어휘를 맞추는 게임이다. 분류되지 않은 어휘를 익히는 것보다 훨씬 효과가 있다.

세 번째, 어휘의 뜻만 알게 하지 않고 문장으로 만들어 본다

주로 학원이나 학교에서 배운 어휘들은 실생활에서 사용하려는 어휘보다는 시험을 위한 어휘 익히기가 대부분이다. 따라서 어휘는 많이 외웠지만 원어민 앞에서는 적당한 어휘를 선뜻 사용하지 못한다. 어휘를 배운 후에는 이를 활용해서 문장을 반드시 만들어보아야 한다. 문장을 만들고 가능하면 대화문으로 상황을 익히는 것이 큰 도움이 된다. 대화문을 만들 때 함께 부모와 교사가 놀이식으로 해주어도 아이들은 매우 재미있어 한다.

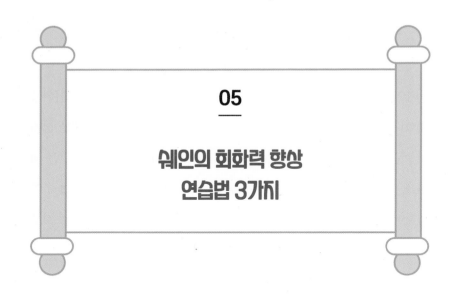

05

쉐인의 회화력 향상
연습법 3가지

외국어 언어 환경을 만들라

어휘력이 많이 생긴 아이는 회화력이 급격히 생긴다. 영어가 모국어인 환경의 미국의 아이들은 매우 크게 영어 회화력이 향상된다. 하지만 쉐인은 언어의 환경이 한국에서는 영어를 전혀 사용하지 않는 EFL 환경이다. 영어를 사용하는 집과 학원 이외에는 영어를 전혀 사용할 기회가 없다. EFL 환경이라 함은 영어가 한국에서는 외국어인 언어 환경을 뜻한다. 병원을 가거나 가게에서 물건을 살 때에도 한국어만을 사용한다. 이러한 환경이 EFL 환경이다. 그래서 우리 부부는 EFL 환경이지만 가상으로 영어 환경을 만들어주려고 노력을 많이 하였다.

첫 번째, 아이에게 가상의 공간을 만들어
여러 상황극을 해보도록 한다 (롤플레이)

이것이 쉐인의 회화력 향상 연습법 첫 번째 방법이다. 예를 들면 한국에서는 아이가 의사를 만났을 때 어디가 아프다고 영어로 말할 기회가 없다. 그러면 그 상황을 만들어주면 되는 것이다. 아빠가 의사가 되고 엄마는 간호사가 된다. 이럴 때 되도록 현실감 있게 의사 가운도 입고 장난감 주사기도 있으면 더욱 좋다. 상황극은 병원, 가게, 학교, 박물관, 극장 등 다양하게 만들어 볼 수 있다.

두 번째, 독서를 하고 이야기 나누기를 많이 한다 (하브루타)

책을 읽어주고 느낌을 말해보거나 주인공에 대한 생각을 흥미 있게 얘기해보았다. 이때 아이는 상상력이 발휘되어 신나게 이야기한다. 느낌을 말할 때에 어휘가 막히면 그때에 맞추어 도와주면 된다. 아이는 스토리를 만들며 문장을 확대한다. 책을 읽고 이야기를 나누는 방법은 유대인의 하브루타이다. 이 방법은 회화력 향상뿐만 아니라 모국어로도 말 잘하는 아이로 키울 수 있다. 2개 국어 이상 가능한 경우는 한 주제를 가지고 각각의 언어로 토론하는 것도 좋은 방법이다.

세 번째, 회화력 향상을 목적으로 한 게임을 한다 (아웃풋 훈련)

스토리를 만들어 내는 보드게임을 많이 활용하였다. 게임을 하면서 질문하고 대답하면서 회화력을 많이 향상시켰다. 보드게임을 하기 전 어렸을 때에는 'hide and seek, Simon says, I spy' 등과 같은 부모가 함께 참여하는 게임들을 하며 말을 많이 하도록 유도했다.

'Hide and seek'은 숨바꼭질 게임으로 아이들이 매우 좋아하는 게임 중에 하나이다. 아이들의 호기심과 상상력은 이 게임에 집중하게 만든다. 또한 부모나 친구와의 유대 관계를 좋게 한다.

'Simon says'는 한 사람이 행동을 하게 하는 문장을 만들면 그대로 행동하는 게임이다. 영어의 문장에서 동사의 역할은 매우 중요하다. 동사는 행동하는 것을 나타내는 문법이다. 어렵게 배우는 문법은 아이들에게 재미가 없다. 아빠가 "거실에 가서 리모콘을 가져오세요!"라고 지시하면 아이는 동사에 집중해서 듣는다. 그리고 "거실에 가서 리모콘을 가져왔어요!"라고 대답을 크게 하며 행동을 하는 게임이다.

'I spy'는 우리나라의 스무고개 같은 게임이다. 한 개의 어휘를 떠올리고 한 사람이 문장을 만들어 상대에게 힌트를 준다. 그러면 아이는 어휘를 바로 맞추거나 질문을 하며 예측하는 게임이다. 쉐인은 가족과 함께 자주 이 게임을 하여 문장을 확대시켰다.

많은 부모님들이 아이의 회화력이 향상되기를 원하고 있다. 언어는 학습이 아니라 훈련이다. 훈련은 좋은 코치를 만나야 성공할 수 있다. 아이에게 좋은 언어 훈련을 위해서 여러 가지 방법으로 연구해보는 부모는 좋은 코치가 될 수 있다.

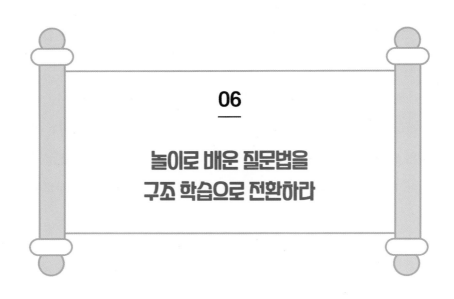

06

놀이로 배운 질문법을
구조 학습으로 전환하라

놀이를 언제까지 놀이로 둘 수는 없다

놀이 학습을 반드시 학습 능력으로 전환하는 적절한 시기가 필요하다. 아이가 어렸을 때 많은 부모님들은 놀이를 중요하게 생각한다. 그래서 영어 수업도 학습적이지 않고 놀이 영어를 원해서 〈신디샘어학원〉에 보내시는 경우가 많다. 이렇게 놀이를 중요하게 생각하시는 학부모님들이 언제부터 생각이 바뀌시는 걸까? 아마도 아이가 학교에 들어가고 평가지를 받아오기 시작할 때가 아닌가 한다.

아이 역시 학교 공부를 만만하게 생각하다가 초등학교 4학년으로 접어들면서 충격에 휩싸인다. 엄마가 이끄는 대로 따라가던 아이는 내가 머리가 나쁜 아이라는 생각까지 가지며 자신감이 현격하게 낮아진다. 결론은 이러하다. 놀이로 배운 질문법을 구조 학습으로 전환하여야 한다.

놀이 학습은 말 그대로 놀이를 통해 아이가 배움을 갖게 되는 것이다. 무작정 놀이로 끝나서는 안 된다는 말과 같다. 부모와 교사가 놀이시간에 끊임없는 질문을 던져주어야 한다. 질문을 한다는 것은 전체를 볼 수 있다는 의미이다. 초등학교 4학년때 갑작스런 자신감 하락을 막기 위해서라도 놀이로 배운 질문법을 학습 능력으로 전환할 수 있어야 한다.

독서를 통해 구조화를 알면 모든 과목이 쉬워진다

이 질문법은 구조를 갖고 있다. 이 구조를 책 읽기에서도 찾을 수 있게 해야 한다. 이런 전체 구조를 볼 수 있는 힘을 가지면 교과목은 매우 쉬워진다. 학원에서 아이들을 가르치다 보면 책을 많이 읽은 아이들의 이해 속도가 매우 빠름을 확인하게 된다. 책을 꾸준히 읽지 않은 아이들은 이해가 힘들며 맥락을 찾아낼 수도 없다. 가르치는 교사와 배우는 학생 모두가 힘든 상황이 된다. 저스틴이 영어를 가르칠 때도 똑같은 상황이 발생된다.

한국어 독서가 잘된 아이는 영어 수업 이해도 빠르다. 독서는 모든 교과목 이해와 다른 언어를 배울 때도 크게 도움이 된다. 독서를 많이 한 아이들은 배경지식이 높을 뿐만 아니라 '구조화 학습'에서도 뛰어나다. 구조화는 분석 능력이다. 이 이해 구조가 교과서의 내용들을 쉽게 기억하게 한다.

학습은 추론 능력 없이는 상위 레벨이 불가능하다. 추론 능력은 독서를 통한 다르게 생각하는 힘으로 생겨난다. 교과서를 암기만 하는 아이 vs 철학, 역사, 문학, 과학, 예술 분야의 책을 고루 섭렵한 아이, 이는 백전백승 후자의 아이의 승리가 확실하다.

　*수학 : 쉬운 문제를 계속 푸는 것은 아무 의미가 없다. 어려운 문제를 통한 체계적 시행착오(극복)로 자신감을 키워야 한다. 몰라도 어떤 문제라도 어떤 지문이라도 풀 줄 알아야 한다. 언어 구조를 수학 구조로 확대할 줄 알아야 한다.

　'러시아워'라는 게임이 있다. 이 게임을 하면 반응은 두가지로 나온다. 우왕좌왕 우선 푸는 아이와 생각 후 푸는 아이로 나눠진다. 우왕좌왕 푸는 것은 실력이 아니다. 우연히 맞을 수 있지만 다시 게임을 시작하면 생각 후 맞은 아이와 다른 결과를 가져온다. 생각없이 문제를 풀어도 맞출 수 있는 객관식 시험도 마찬가지이다. 그래서 객관식 시험은 아이의 실력을 정확히 파악할 수 없다. 우연히 찍어서 맞추고 점수가 높게 나오면 아이는 자신의 실력을 착각할 수 있다. 오답문제를 풀 때 똑같은 실수는 논리적이 아닌 것이다. 논리적이고 정확한 실력 역시 독서로 생김을 강조하고 싶다.

*사회 : 아이들이 시험 대비를 하는 교재를 보면 매우 난감한 경우가 있다. 어떠한 것이 중요한지 파악하는 것이 아니라 내용 전체를 밑줄을 모두 그어놓은 경우이다. 시험 대비는 같은 시간에 핵심을 잘 파악하는 것이 중요하다. 나는 아이들의 교재를 보면 이 아이가 핵심을 파악했는지 못 했는지 알 수 있다. 또한 밑줄을 보고 아이의 사고의 근간을 파악할 수 있다.

*국어 : 아이들이 점차 힘들어하는 과목 중에 하나가 국어이다. 수능에서 지문이 길어지면서 지문에서 주제를 찾아내기를 힘들어하기 때문이다. 국어는 지문에서 주제를 알아내는 능력, 문장 구조 습득능력, 전체를 볼 수 있는 능력 등이 필요하다. 국어 뜻 풀이보다는 품사를 알고 문맥을 이해해야 한다.

*한자 : 한자 역시 분석 능력이다. 한자를 무조건 암기하기보다는 우선 부수를 알면 해석할 수 있는 능력이 생긴다. 대부분 아이들이 입문 단계만 너무 오래하다 끝난다. 이는 매우 안타까운 현상이다. 214개의 부

수를 알고 나면 한자를 모두 알지 못해도 추론 능력이 생긴다. 한자를 많이 아는 아이들은 역사를 배울 때도 많은 도움을 받는다. 역사책의 대부분은 한자어로 설명되는 부분이 많기 때문이다. 또한 같은 소리가 나도 다른 뜻을 가진 '동음이어'를 알면 긴 지문 이해도 수월하다.

나는 학원에서 수업을 할 때 저학년은 감성, 정서적인 수업으로 접근을 한다. 또한 저학년 때부터 구조화 학습을 이해하도록 한다. 저학년은 우리 학원에서 내가 매우 특별하게 관심을 기울이는 때이다. 이때에 익힌 학습 습관이 평생의 학습 습관으로 이어지기 때문이다.

저학년 때 나에게 배우지 않은 고학년들은 이러한 '구조화 학습'과 '독서 능력'이 부족하다. 수업을 하다 보면 어디서부터 시작해야 할지 막연할 경우가 있다.

고학년은 논리적, 사고 능력(근거, 이유를 가지고 생각하는 능력)이 필요하다. 학원에서 수업시간에 질문을 할 때도 "그냥 어려워요."가 아니라 "무엇이 어려워요."라고 말하도록 한다.

저스틴과 내가 수업을 할 때 중요하게 생각하는 것은 다음 4가지이다.

첫째, 절차와 순서를 가르쳐야 한다.

둘째, 쉽게 가르쳐야 한다. (쉽다는 것은 명확하다는 것이다.)

셋째, 재미있어야 한다.

(재미있다는 것은 통일성과 다양성이 있다는 것이다.)

넷째, 깊이 있어야 한다.

(깊이 있다는 것은 구조적 · 체계적이어야 한다는 것이다.)

교과 학습은 텍스트를 읽고 토론을 통해 수월하게 받아들이는 작업이다. 교사의 일방적인 강의는 바른 교과 학습이 아니다. 교사는 아이가 이해했는지 중간중간 질문을 던져야 하며 아이는 이해가 가지 않을 때에는 질문을 서슴없이 던질 수 있어야 한다.

■ 저스틴의 생각 6 :
유대인과 한국인의 교육

　교육에 대한 한국인과 유대인의 집착은 비슷합니다. 두 문화 모두에서
아이들은 공부하도록 강요당하고, 두 문화 모두 고등교육이 중요합니다.
두 문화 모두 직업이 소중합니다. 한국의 교육적 집착의 결과로 그들은
짧은 시간 내에 매우 멀리 갔습니다. 하지만 한국이 다음 단계로 나아가
고 싶다면, 한국인들이 유대인으로부터 많은 것들을 배울 수 있습니다.
특히 그들이 어떻게 아이들을 기르는지에 대해서요. 주요한 차이점은 권
위에 대한 견해, 가족 관계, 그리고 적합성과 도그마에 대한 견해입니다.

　חַבְרוּתָא(Chavrusa, 하브루타, 차브루사)의 형태로 공부합니다. "차브
루사"는 친구를 의미하지만, 만약 여러분이 유대인들이 공부하는 것을
본 적이 있다면, 그것은 그리 친절해 보이지 않습니다. 그들은 파트너와
함께 공부하고 모든 것의 의미를 끝없이 토론합니다. 이유를 들고 방어
하는 것은 아이들의 발육에 큰 도움이 됩니다. 당신은 그 교훈을 건드릴
수 있습니다. 생각해보고 상호작용해야 합니다. 결국 당신은 자료의 달
인이 될 뿐만 아니라 웅변가, 창조적인 사상가, 학자가 될 수 있습니다.
　이러한 형태의 연구는 유대인들의 일부가 되었습니다. 많은 현대 유대
인들은 결코 "차브루사"에서 공부할 기회를 갖지 못했습니다. 하지만, 모

든 유대인들은 모든 것에 의문을 제기하는 것을 알고 있습니다. 모든 유대인들은 우리가 가진 모든 선생님들과 토론하는 것을 알고 있습니다. 이런 식으로 우리는 정보를 배울 뿐만 아니라 그 과정에서 우리 자신을 향상시킵니다.

어렸을 때 저는 유대인의 학문에 대해 전혀 몰랐습니다. 제가 알고 있는 것은 부모님이 제가 하는 모든 것을 지키기 위해 저를 강하게 몰아붙였다는 것입니다. 우리 부모님은 〈devil's advocate〉를 연주하는 것을 잘했어요. 제가 생각하는 모든 의견들은 반대로 저를 더 잘 표현하도록 몰아붙였습니다. 그들은 제가 양쪽을 모두 이해했다는 것을 증명하기 위해 반대편 주장을 강요했습니다. 저는 그 당시에 그들이 무엇을 하고 있는지 몰랐지만, 이제 저는 제 자신을 생각하는 능력이 그들이 저를 생각하도록 강요하는 것에서 나온다는 것을 알고 있습니다.

프로그래머와 스티브 잡스의 차이점은 무엇입니까? 엔지니어와 일론 머스크의 차이점은 또한 무엇입니까? 그들이 다른 사람들보다 더 많이 아는 것은 아닙니다. 그들을 다음 단계로 나아가게 하는 것은 창의적으로 생각하는 능력입니다. 이런 식의 사고방식은 교사가 일어서서 학생들에게 강의하는 것으로는 가르칠 수 없습니다. 그것은 유대인들이 하는 창의적인 논쟁에서 비롯됩니다.

6 장

가족 모두의
행복한
독서를 위하여!

유대인 저스틴과 결혼을 하고 아이를 키우면서 나 또한 많은 시행착오를 겪었다. 그 시행착오를 겪으며 우리는 원칙들을 세웠다. 특히 저스틴은 변화되지 않은 꼭 지켜야 하는 원칙을 매우 중요하게 생각한다. 자녀를 키우면서 가장 중요한 교육이 원칙을 지켜나가는 것이 아닐까 생각한다. 살면서 중요한 원칙들을 지켜나갈 수 있도록 부모가 이끌어주어야 한다. 우리는 이 시기를 13살 이전으로을보고 있다. 그 이후에는 아이가 스스로 원칙을 지켜나가며 미래를 준비할 수 있다.

부모가 성장할 때보다 더 급변하는 시대를 살게 될 우리 아이들! 그들에게는 스스로 할 수 있는 자기 주도력, 인성과 감정을 중요시하는 마음, 타인의 시간을 소중히 여기는 마음, 하루하루 성장하고 스스로를 존중하는 마음, 어려움을 극복하는 지혜로움 등을 지닐 수 있도록 하는 원칙들이 매우 중요하다고 생각한다.

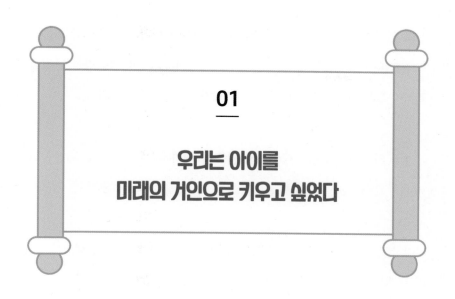

01

우리는 아이를
미래의 거인으로 키우고 싶었다

질문하지 않는 한국 사람들, 뭐가 문제일까?

2010년 내 아이가 태어난 해에 미국의 오바바 대통령이 한국을 방문하였다. G20 폐막식 기자회견에서 오바마 전 미국대통령은 한국의 기자들에게 특별한 기회를 제공하였다. 전 세계의 많은 국가 기자들이 참석한 자리이지만 개최국으로서 특별하게 질문할 기회를 주었다. 하지만 이 기회는 난감한 상황을 만들게 된다. 그 자리에 있던 한국의 어떤 기자도 손을 들지 않았다. 어색한 침묵 속에 오바마 대통령은 통역이 필요한 것임을 확인하고 다시 기회를 주었다. 그래도 역시 한 사람도 선뜻 질문할 기회를 잡지 않았다.

그 침묵을 깨고 한 사람이 일어섰다. 아시안 국가의 대표로서 질문해도 되겠냐고 일어선 사람은 중국의 기자였다. 오바마 대통령이 난감을 표하자 그는 호기 있게 그 자리의 기자들에게 묻기를 제안한다.

"한국의 어떤 기자도 질문하지 않으니 내가 대신 질문해도 되겠습니까?"

미국인인 남편과 한국인인 나는 함께 이 장면을 보면서 멍해졌다. 과연 문제는 무얼까?

말문을 트게 하라! 그리고 질문하는 아이로 키워라!

저스틴은 한국에 2006년에 첫 방문을 하였다. 그리고 중·고등학교와 대학교에서 학생들의 영어 수업을 하였다. 그는 가르치는 것을 매우 좋아하는 사람이다. 그런데 한국에서 수업을 하고 돌아온 그는 매우 피곤해 보였다. 공교육을 받는 학생 대부분이 수업에 참여를 전혀 안 한다는 것이다. 엎드려 자는 아이, 멍하니 바라보는 아이, 심지어 핸드폰을 하는 아이까지 영어 수업의 의미가 전혀 없다고 했다.

그는 한국 선생님께 아이들이 집중할 수 있도록 도와달라고 요청했다.

그런데 한국 선생님은 이렇게 말씀하셨다고 한다.

"그냥 상관 말고 수업하시면 돼요! 아이들이 학원 다니느라 피곤해서 그래요."

이 말을 들은 그는 한국의 수업에 너무나 실망하였다. 학교의 수업 분위기가 이러하니 듣기는커녕 질문하는 아이는 도저히 찾을 수 없다. 이 아이들이 성장하여 국제사회에 나가 질문하지 못하는 어른이 된 것이 아닐까 한다.

이와 반대로 그가 태어나고 살았던 미국의 교육 현장은 매우 다르다고 한다. 선생님은 아이들의 질문을 수시로 받고 그 의문을 풀어준다. 한국에서 중·고등학교까지 다니고 대학을 외국으로 나간 학생들의 공통 문제는 바로 이것이다. 수업시간에 듣기만 하는 것에 익숙한 아이들은 질문을 던지는 게 어색하다. 또한 나와 다른 의견에 대하여 토론하는 것도 힘들다고 한다. 그래서 도중에 포기하고 한국으로 돌아오는 아이들이 많다. 왜 한국에서는 우등생이었던 그들이 포기해야 했을까? 우리는 말하고 질문하는 교육 현장으로서의 변화가 필요하다.

나는 내 아이가 한국에서도 미국처럼 궁금한 것은 선뜻 물어볼 수 있으면 좋겠다. 사실 이런 환경이 가능할지 걱정이 된다. 나 역시 말할 기회가 전혀 없었던 학교 교육을 받았기 때문이다. 궁금한 것을 물어보려고 하면 선생님은 말씀하셨다.

"질문할 시간 따로 줄 테니 수업 먼저 들어라."

그렇게 일방적이고 따분한 수업이 계속되고, 시간이 되자 마치는 종소리가 들린다. 그리고 선생님은 말씀하신다.

"질문할 거 있는 사람은 교무실로!"

정말로 수업에 열정이 있는 극소수의 아이를 제외하고 교무실까지 찾아가는 아이는 드물다.

많은 학부모님과 사교육 현장에서 이야기를 많이 나눈다. 대부분 원하시는 것과 걱정하시는 것이 연결된다.

"아이가 너무 수줍어서 걱정이에요!"
"자신 있게 말할 줄 아는 아이가 되었으면 좋겠어요!"
"내성적인 아이라 발표하는 수업을 할 수 있을까요?"

우리 아이들의 말문을 트게 해야 한다. 그리고 궁금한 것은 주저하지 않고 질문하도록 해야 한다. 그러면 부모님들의 같은 바람들은 모두 이루어질 수 있다. 가정과 학교에서 아이들에게 말할 기회를 자주 주자. 질문하는 아이에게 쓸데없는 질문한다고 나무라지 말자. 어릴 적 호기심이 많아 손을 번쩍번쩍 들던 아이들은 대부분 중학생이 되면 말하지 않는다. 유대인 속담에 "말이 없는 아이는 배울 수 없다."라는 말이 있다. 소리를 내서 읽고 말하는 유대인들의 교육을 적극적으로 교육 현장에서 적용하면 좋을 것 같다. 아이들의 입을 다물게 하는 책임은 선생님과 부모님에게 있다.

아이를 미래의 거인으로 키우고 싶은가? 그렇다면 말문을 트게 하라! 그리고 질문하는 아이로 키워라!

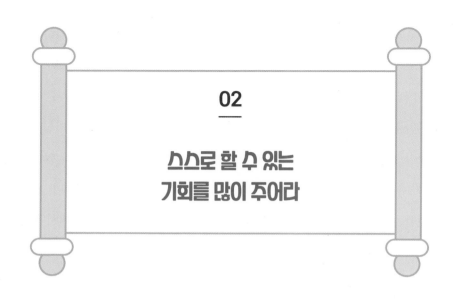

02
스스로 할 수 있는
기회를 많이 주어라

아이를 대하는 태도가 교육관을 말해준다

엄마는 아이가 스스로 할 수 있는 기회를 주어야 한다. 나는 교육 사업을 하며 수많은 아이들과 어머님들을 만나왔다. 한 분야에서 오랫동안 일을 하다 보면 달인이 된다. 나는 상담을 하러 들어오는 어머님의 자녀 교육관을 느낄 수 있다. 아이에게 하는 말투와 눈빛을 통해서 말이다. 이 세상 부모 중에 아이를 사랑하지 않는 부모는 없을 것이다. 그런데 아이에게 상처를 주는 부모님의 말들이 있다. 부모님은 모르지만 아이에게는 매우 마음 아픈 말들이다. 내가 상담 중에 들었던 아이에게 상처주는 말들은 이런 것이다.

"엄마가 학원을 보내준 게 몇 년인데 아직 읽지도 못하니?"

이렇게 면박을 주시는 부모님이 있는 반면 은근히 압박을 주시는 부모님도 있다.

"괜찮아. 틀려도 되니까 선생님이 묻는 것에 대답만 해봐."

하지만 아이들은 다 안다. 틀린 대답을 하면 엄마 얼굴이 바뀐다는 것을 말이다. 엄마는 아이에게 부담을 주지 않기 위해 이런 말들을 하셨지만, 결과적으로는 아이는 엄마의 눈치를 보게 된다. 따라서 아이 스스로 자신감 있게 선생님의 질문에 대답하지 못한다. 이렇게 아이가 스스로 해볼 수 있는 기회를 많이 주어야 한다. 스스로 해보고 실수할 수 있는 기회를 주어야 아이들은 크게 성장할 수 있다.

어떤 부모님은 영어 레벨 테스트를 할 때 아이에게 부담스러울 거라며 밖에서 기다리시겠다고 한다. 그러나 내가 운영하는 〈신디샘어학원〉의 가장 큰 특징은 소통이다. 소통은 자연스러워야 한다. 나는 1차 영어 레벨 테스트를 할 때 지필 평가는 제외한다. 미국인인 남편이 직접 일상적인 질문을 하고 대답하는 것을 우선으로 한다. 그래서 엄마가 밖에 나가서 기다릴 필요가 없다. 어디서든 상황과 상관없이 할 수 있어야 진짜 실력이다. 소통을 중요하게 생각하는 영어학원에 와서도 지필 평가가 없으면 불안해한다. 또한 소통을 위한 시간에도 시험처럼 생각하며 긴장한다. 이러한 엄마의 행동은 아이에게는 부담으로 다가올 수밖에 없다. 사실, 레벨 테스트를 부담 없이 하라고 말해주는 엄마가 아이보다 긴장을 더 하고 계신 듯하다.

한국의 많은 어머님들의 사랑은 매우 깊다. 아이에게 많은 것을 주시려고 하신다. 이러다 보니 아이가 스스로 생각할 수 있는 기회를 많이 갖지 못함을 아셨으면 한다. 아이에게 많은 사랑을 주고 싶은 마음이 아이에게 스스로 할 수 있는 기회를 주는 마음으로 변화되었으면 한다. 결과적으로 모든 것을 해주는 것보다 아이에게는 더 큰 성장의 기회를 줄 수 있을 것이다.

아이에게 집착하면 아이는 독립할 수 없다

아이들은 올바르게 성장하기 위해서 보호와 사랑이 필요하다. 어떤 부모는 너무 무관심하여 문제이고 어떤 부모는 지나치게 넘쳐 문제가 된다. 나 역시 아이를 낳고 시행착오를 겪었다. 나는 정말로 간절히 원했던 아이를 갖게 되었다. 그래서 처음에는 지나치게 아이에게 집중했다.

아이와 따로 떨어져서 자는 미국식 문화에서는 이런 나를 이해하지 못했다. 남편은 따로 자고 아이와 내가 함께 자는 것이 이상하게 보인 것 같다. 한국은 이런 방식이 흔한데 말이다. 미국은 아이를 매우 사랑하지만 독립적으로 키우려는 게 강하다. 부부는 함께 침실을 써야 하고 아이는 어릴 적부터 따로 아이 방에 재운다. 밤에 아이가 깨서 울 때면 부부 침실에 모니터로 확인할 수가 있다. 이렇게 하다 보니 밤에 긴 잠을 자는 패턴으로 만드는게 훨씬 빠르다.

하지만 나는 아이와 늘 함께 붙어 있고 싶었다. 아이를 옆에 두고 불편함을 빨리 해소시켜주고 싶었다. 기저귀가 젖으면 빨리 갈아주고 배고프면 빨리 분유를 주고 싶었다. 이게 엄마의 사랑이라고 생각했다. 아이가 졸려 하면 업고서 자장가를 틀어주었다. 이런 행동이 반복되니 나의 몸은 점점 지쳐갔다. 낮과 밤이 바뀌고 눈은 퀭 하고 힘이 없는 엄마가 되었다. 유대인인 시어머니께서 나에게 조심스럽게 조언해주셨다. 엄마인 네가 빨리 건강하게 회복이 되어야 아이와 있는 시간이 더 즐거워지는 거라고 말해주셨다.

나는 시어머니의 조언을 따르기로 했다. 우선 아이와 떨어져서 원래의 자리로 돌아가 잠을 잤다. 그리고 안 하던 운동을 시작했다. 잠시 아이는 다른 사람에게 부탁을 하고 아이와 떨어져보았다. 아이에게 최선을 다해야 한다는 강박관념에서 멀어지니 나의 몸은 점점 회복이 빨리 되었다. 내 몸에서 힘이 생기니 이제 웃을 수도 있고 남편에게 상냥하게 말을 할 수가 있었다. 내가 몰두해서 아이 옆에 붙어 있으려 했던 것은 사랑이 아니었다. 아이를 대할 때 엄마들은 생각해봐야 할 것이 있다. 이게 진정한 사랑인지 지나친 집착인지 객관적으로 생각해봐야 한다.

다 해주기보다는 좋은 조력자로서의 엄마가 되라

나의 초반기 엄마로서의 적응기를 넘기고 나니 이제 아이가 유아기를 맞았다. 그 당시 집으로 아이들이 오는 공부방을 하다 보니 아이를 제대로 돌볼 수가 없었다. 주변에 아이를 맡길 수 있는 놀이방을 알아보았다. 마음은 놓이지 않지만 놀이방에 보내보았다. 또래 친구들과도 놀 수 있고 배움도 있을 거라는 기대를 하면서 말이다. 그런데 환경이 바뀌다 보니 아이가 자주 감기에 걸렸다. 약을 늘 달고 살게 되니 매우 걱정이 되었다. 나는 나대로 아이는 아이대로 힘들었다. 나는 또다시 힘이 없고 눈이 퀭한 엄마가 되었다.

그러던 중에 친정엄마가 오셨다. 손자가 자주 아프고 딸의 얼굴이 초췌하니 걱정을 많이 하셨다. 그래서 친정엄마가 주중에 아이를 돌봐주시겠다고 하셨다. 놀이방을 보내지 않고 외할머니 손에서 보내면서 거짓말처럼 병원 갈 일이 없어졌다. 아직도 이유를 알 수가 없다.

그 후로 TV에서 놀이방의 믿겨지지 않는, 이상한 선생님들의 CCTV 영상을 보면 매우 충격을 받았다. 어린 아가들을 억지로 재우고, 억지로 먹이고, 심지어 때리기까지 하는 동영상이었다. 어떻게 저런 사람들이 아이를 돌보는 선생님이 될 수 있는지 너무나 의아스러웠다. 특히나 말을 못 하는 아이들을 돌보는 선생님들은 특별해야 한다. 아이를 대하는 사랑이 넘쳐야 한다. 낮은 보수와 대우를 받고 화가 난 선생님이 아가들을 돌봐서는 절대 안 된다고 생각한다.

친정엄마가 돌봐주시니 아이는 아프지 않고 무럭무럭 자랐다. 아프지 않고 무럭무럭 자라는 아이 때문인지 나의 얼굴도 혈색이 돌고 다시 밝아졌다. 지금도 나는 아들 쉐인이 잠시라도 아프면 내 마음이 힘들어진다. 미국 시어머님께서 이럴 때마다 나를 헬리콥터맘이라고 놀리신다. 아이와 떨어지면 불안해서 아이의 주변을 맴맴 도는 엄마가 헬리콥터맘이다.

시어머님 엘렌은 헬리콥터맘이 되지 말고 아이의 조력자가 되어주는 게 엄마의 역할이라고 하셨다. 아이가 주도적으로 할 수 있는 힘을 키워주어야 한다고 하셨다. 이것은 방관이 아니라 조력이라는 것이라고 하셨다. 나는 그 후로 매우 노력하였다. 내가 헬리콥터맘이 되고 싶어도 그게 아이에게 좋은 영향력이 되지 못한다면 아이를 위해서 고쳐야 한다. 시어머님 엘렌의 조언대로 나는 그 후로 좋은 조력자인 엄마가 되기 위해 노력했다.

사랑의 방식은 다를 수 있어도 아이에게 기회를 주자

지금 나의 아들은 초등학교 3학년이다. 웬만한 것들은 스스로 하는 자세를 가지고 있다. 1년에 두 차례 가는 미국 일정도 스스로 챙긴다. 필요한 것들을 체크하고 트렁크에 가지런히 챙긴다.

미국과 한국을 오가며 미국 할머니와 한국 할머니의 스타일이 완전 다르다 보니 처음에는 혼란스러워했다. 한국 할머니는 손자가 예뻐서 모든 다 해주시려고 한다. 식사를 할 때 반찬을 챙겨서 밥수저 위에 올려주신다. 이러한 행동을 미국 할머니는 이해를 못한다. 또한 한국 할머니는 샤워를 도와주신다. 샴푸며 몸을 닦는 것, 머리를 말리는 것까지 도와주신다. 미국 할머니는 절대 그런 것은 없다. 대신 샤워를 하기 전 주의사항을 세심하게 전달해주신다. 바닥이 미끄러우니 조심할 것! 샴푸 후에는 충분하게 물로 헹구고 드라이를 잘 할 것. 그리고 사용한 큰 타올은 바구니에 잘 담아놓을 것! 처음부터 끝까지 도와주시는 한국 할머니와 아이가 스스로 할 수 있게 가르치는 미국 할머니 사이에서 나의 아들은 성장해왔다.

현재 아들 쉐인은 미국 할머니와 한국 할머니 두 분을 모두 너무나 사랑한다. 사랑하는 표현방식은 달라도 할머님들의 사랑은 흠뻑 느끼며 자라왔기 때문이다. 나는 마음의 결정을 이미 해놓았다. 내게 손주가 생기면 나는 미국 할머니 방식으로 손주를 대할 것이다. 내가 다 해주는 사랑의 표현보다 살아가는 방식을 알려주는 미국 할머니 방식이 유용하다고 생각하기 때문이다. 굳이 할머니가 아니더라도 엄마인 지금도 되도록 그렇게 하려고 노력한다. 뭐든지 다 해주면 아이는 배울 기회를 놓치게 된다. 아이가 할 수 있는 기회를 주자. 그리고 실수도 하게 해주자, 그러면서 아이는 배워 나간다. 지나친 보호는 사랑이 아니다.

[따스한 사랑으로 감사함을 알게 해주시는 외할머니와 쉐인]

[많은 경험을 함께 하는 쉐인과 친할머니 엘렌]

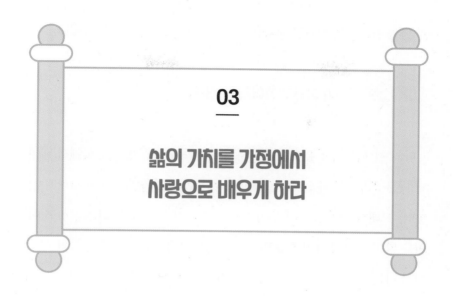

03

삶의 가치를 가정에서
사랑으로 배우게 하라

부족함 없는 사랑과 교육을 줘라

요즘 많은 사람들이 인문학의 중요성을 말하고 있다. AI시대에 대한 견해에서도 빠지지 않는 것이 사람만이 가질 수 있는 감정, 철학 등이다. 내가 만난 유대인들의 큰 특징은 매우 지혜롭다는 것, 그리고 함께하는 유머이다. 진중하게 대화를 하면서도 그들에게는 위트와 유머가 넘치는 경우를 많이 보았다. 이를 '가진 자들의 여유로움'이라고 말할 수 있을까? '가진 자'라는 것은 그들의 생각들이다. 유대인들의 풍부한 사고력과 창의력을 가진 자들의 여유로움이라고 말하고 싶다. 이는 어렸을 때부터 사랑과 교육의 가정에서 자란 배경이 중요하다 생각한다. 그래서 저스틴과 나는 쉐인에게 사랑과 교육을 부족함 없이 주려고 노력하고 있다.

아이들은 학교가 아닌 가정에서 배운다

나의 시댁은 미국 유대인 중에서도 대가족 구성원이다. 한국에서 태어난 나는 조부모님이 일찍 돌아가셨기 때문에 대가족 환경에서 자라지 않았다. 그래서 난 대가족이 무척 부러웠고 가지고 싶었다. 결혼을 하면 아이를 많이 낳아서 대가족을 만드는 상상도 자주 하였다. 그 상상이 이루어져 나는 대가족 미국인 시댁을 가지게 되었다. 가족 모임이 있는 날이면 만나서 볼에 키스하며 인사 나누는 데에도 한참이 걸린다.

내가 결혼 전 처음 남편의 대식구 모임에 갔을 때 힘든 점이 있었다. 바로 그들의 이름을 외우는 것이다. 앞으로 자주 만나야 하는데 이름을 부르며 인사해야 했으니 외워야만 했다. 나는 스케치북 마인드맵을 사용해야 했다. 그리고 남편 저스틴을 중심으로 가족 전개도를 만들었다. 그림과 함께 이름을 나열하고 그 대가족 이름을 전부 외워버렸다. 유대인 가족은 모계 혈통이 중요하다. 그래서 성인이 되면 유대인끼리 데이트하는 경우가 많다. 한국인인 내가 유대인 대가족 며느리가 된다는 것은 쉽지 않은 일이었다. 저스틴의 조부모님들과 부모님께서 나를 우선 만나보고 결정은 나중에 하자고 하셨다. 나는 이 면접에서 통과해야 결혼을 할 수 있게 되었다. 나는 사람들에게 항상 웃는 모습이 보기 좋다는 말을 자주 듣는다. 평상시에는 안경을 쓰고 있어서 웃지 않으면 매우 차가워 보인다. 웃는 모습이 더 예쁘다는 말에 되도록 자주 웃으려고 노력하고 있다. 저스틴의 대가족 면접을 볼 때에도 내내 웃었다. 그리고 그 많은 대가족 이름을 전부 외워 암기 실력을 자랑했다. 그들은 그런 나를 매우 귀엽게 봐주었고 사실상 첫날 가족 면접 통과임을 느낄 수 있었다.

유대인과 한국인의 공통점이 있다. 조부모님을 매우 공경하는 것이다. 늘 불편하신 점이 없는지 살펴보고 도와드린다. 나는 저스틴의 할머님과 할아버지께 많은 사랑을 받았다. 나를 손녀처럼 생각하시고 아껴주셨다. 할머니, 할아버지의 사랑을 받아보지 못한 나는 정말 행복했다. 미국 음식이 맞지 않을까 식사 때마다 챙겨주셨다. 나도 할머니와 할아버지께 안마도 해드리며 다정하게 대화를 하는 시간을 많이 가졌다. 저스틴의 할머니, 할아버지는 매우 사랑이 깊으셨다. 저스틴의 부모님도 역시 사랑이 깊어 보였다. 나도 결혼을 한다면 이들처럼 깊게 사랑하며 존중할 거라는 생각에 행복했다.

내가 처음으로 느꼈던 할아버지, 할머니 사랑

저스틴의 할아버지는 서서히 거동이 많이 불편해지셨다. 서로가 말은 안 했지만 우리 곁을 떠날 날이 멀지 않음을 의식하였다. 어느 날 가족사진을 찍는다고 했다. 서로가 최대한 밝고 예쁘게 꾸미고 가족사진을 찍었다. 그리고 얼마 후 할아버지는 하늘나라에 가셨다. 그 슬픔이 얼마나 컸는지 건강이 매우 좋으신 할머니가 1년도 안 되어 할아버지를 따라가셨다. 할머니는 돌아가시기 전 나를 부르셨다. 그리고 아끼던 할머님의 반지와 시계를 나에게 주셨다. 나는 주체할 수 없이 눈물이 흘렀다. 이렇게 따스한 것이 할머니의 사랑임을 알게 해주신 분을 떠나보내기 싫었다. 할머님의 반지를 쳐다볼 때마다 눈물이 흘러 나는 그 반지를 서랍 깊은 곳에 둘 수밖에 없었다.

[쉐인과 함께 있는 저스틴의 외할아버지]

[쉐인과 놀고 있는 저스틴의 외할머니]

[쉐인과 대화하는 저스틴의 외할머니]

아무리 말해도 부족한 '사랑한다'

결혼도 하기 전인 나에게도 남편 저스틴의 가족들은 내게 진심 어린 사랑을 베풀어주셨다. 그 애정 어린 눈빛에 나는 정말 사랑을 느낄 수가 있었다. 한국의 가정은 모두 바쁘다. 사는 게 바쁘고 힘들다. 그래서 사랑한다는 말도 제대로 나누며 살지 않는다. 참으로 안타까운 일이다. 하지만 저스틴의 가족들은 눈 뜨면 '사랑한다.'라고 인사하고 낮 시간에 전화통화를 끝내면서도 사랑한다 말했다. '이게 가정이구나. 이게 사랑이구나. 이게 교육이구나.' 나는 그때 많이 배웠다. 내 가정은 이런 사랑이 넘치는 가정으로 만들고 싶다는 생각이 깊이 들었다.

내가 바라던 것처럼 우리는 아침에 눈을 뜨면 사랑한다고 인사를 나눈다. 그리고 잠자리 들기 전에 사랑한다고 인사를 나눈다. 나의 친정어머니는 학원 일을 하는 나를 위해 주중에 집에 와서 아들을 돌봐주신다. 사랑한다는 말을 나눠본 적이 없는 나의 어머니가 계속 훈련받으시는 일이 있다. 바로 사랑한다는 말을 서로 나누는 것이다. 안 해보셔서 처음에는 매우 어색해하셨다.

"할머니. 사랑해~~"

쉐인이 사랑의 인사를 하면 그저 웃으셨다. 내 아들은 끝까지 포기하지 않는다.

"할머니! 할머니는 나를 안 사랑하는 거야? 왜 사랑한다는 말을 잘 안해?"

집요하게 계속 물었다. 그러면 친정 어머니는 이렇게 대답하신다.

"내가 왜 안 사랑해? 사랑하지. 할머니는 집안일 하느라 바빠서 그래."

맞다. 나의 어머니는 항상 바쁘셔서 내게 사랑한다는 말을 잘 안 하셨다. 그래서 그냥 그런 줄 알았다. 그런데 나의 아들 쉐인은 포기하지 않고 기어코 그 말을 꼭 듣고 만다.

"할머니! 나 사랑하면 사랑한다고 말해줘! 그래야 알지!"

이제는 나의 어머니도 쉐인에게는 사랑한다는 말을 자주 하신다. 사랑한다는 말도 훈련이 필요하다. 가정에서 배운 사랑과 교육은 아이의 성장 과정에서 그대로 나타난다. 성장 과정에서 사랑을 충분히 느끼며 교육을 받은 아이는 행복하다.

[사랑이 가득한 쉐인과 외할머니]

■ 신디샘의 생각 6 :
후회를 하면서도 행동을 안 하는 것보다,
후회를 하더라도 바로 실천하는 부모가 되자

아이를 포기하자

부모의 애착은 아이를 지치게 만든다. 부모가 포기할 수 있는 부분은 포기하자. 포기가 반드시 나쁜 것은 아니다. 포기를 해야 다른 올바른 방법을 빨리 찾을 수 있다. 아이와 맞지 않는 길이라고 생각하면 포기해야 한다. 부모의 강요와 집착에 의해 움직이는 많은 아이들이 숨조차 쉬기 힘들어한다. 부모는 아이의 상태를 파악해서 올바른 방향 전환을 제시해 주어야 한다.

아이를 비교하자

다른 차이점을 비교하고 그 차이점을 이해해야 발전할 수 있다. 비교 후에 성급한 판단으로 학습을 재촉하는 것이 좋지 않은 것이다. 부정적 비교가 좋지 않은 것이지 긍정적 비교가 나쁜 것이 아니다. 자신의 부족함을 인정하고 채우는 것이 메타인지인 것이다. 많은 학생들이 패배감으로 비교를 당했다고 생각한다. 배우는 과정의 아이들은 부족한 것이 당연한 것이다. 그리고 그 부족함을 채우고 노력하는 것이 교육이 아닌가 생각한다.

아이를 판단하자

냉철하게 판단하자. 부모 기준, 교사 기준, 단, 어떠한 것이 옳다고 볼 수 없는 오픈마인드를 가져야 한다. 많은 부모님들이 우리 아이는 노력만 하면 되는데 노력을 안 해서 결과가 안 나온다고 생각한다. 잠시의 노력으로 좋은 결과가 바로 나오지 않는다. 누적된 노력만이 빛을 볼 수가 있는 것이다. 하지만 우리나라의 시험 중에는 벼락치기로 좋은 결과가 나올 수가 있다. 이로써 많은 아이들이 오류를 범할 수가 있다. 진정한 실력이 아님에도 본인이 실력이 높다고 생각하는 오류이다. 나의 성장을 위한 진실된 노력을 아이들이 할 수 있었으면 하는 바람이다.

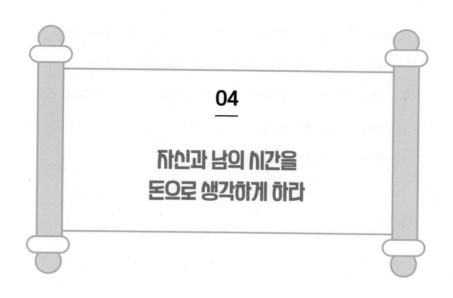

04

자신과 남의 시간을
돈으로 생각하게 하라

　유대인들의 특징은 시간을 돈으로 생각하는 것이다. 아니, 저스틴의 말을 빌리면 시간이 돈보다 더 중요하다. 저스틴의 시간에 관한 생각은 목숨과도 같다. 시간을 지키는 것은 상황에 따라 지켜도 되고 안 지켜도 되는 것이 아니라 목숨처럼 지켜야 한다.

　여기서 예외는 것은 없다. 가정에서의 규율도 마찬가지이다. 미국에서 가족끼리 외출할 일이 있을 때에는 정확한 시간에 출발한다. 만약 이 시간까지 준비가 안 되면 지체 없이 준비 안 된 사람만 남기고 떠나버린다.

　나는 이 상황을 매우 난감해했다. 남아 있는 사람에게 미안하기도 하고 떠나버리는 사람들은 어찌 저리 정이 없나 탓하기도 했다. 한국에서 '5분만, 10분만….' 하며 마냥 기다리던 상황과 많이 다르다. 그런데 이 규율을 예외없이 지키다 보면 가족 모두 정해진 시간에 출발하는 일이 일상이 된다. 규율은 사람들을 구속하는 것이 아닌 사람들을 합리적으로 움직이게 해주는 장치가 되는 것이다.

시간은 금이다

우리 모두 시간을 중요하게 생각해야 한다고 말한다. '시간은 금이다.' 라고 하지만 눈에 보이지 않는 시간을 눈에 보이는 금으로 생각하는 사람들은 많지 않다. 저스틴이 제일 힘들어하는 것은 사람들이 시간을 지키지 않을 때이다. 학원에서 레벨 테스트를 하는 것, 상담하는 것 등을 쉽게 생각하고 늦게 오는 경우 저스틴은 매우 이해할 수 없어 한다. 따라서 저스틴이 아이에게 교육하는 원칙 중에 가장 강조하는 것은 시간에 대한 생각이다.

자신의 시간조차 소중하게 생각하지 않는 사람들이 타인의 시간을 소중하게 생각하기는 힘들다. 시간을 소중하게 생각하는 자세는 삶을 진중하게 살 수 있게 하는 매우 귀중한 원칙이다.

3분 늦어서 외계인 취급을 받아본 적이 있는가?

나는 결혼 전과 결혼 후로 많은 것이 바뀌었다. 그중 가장 크게 변한 것은 시간 약속에 대한 생각이다. 나는 결혼 전에는 친구들과의 약속 시간에 항상 늦는 사람이었다. 으레 친구들은 나를 기다려 주고 나는 미안한 감정도 그다지 갖지 않았던 것 같다. 지금 생각하니 참 미안하고 부끄러운 일이다.

나는 이제는 좀처럼 약속시간에 늦지 않는다. 오히려 내가 먼저 나가서 기다리는 일이 대부분이다. 친구들은 어떻게 이렇게 크게 바뀔 수 있냐고 묻는다. 나는 남편에게 시간에 관한 가르침을 철저하게 배웠기 때문이라고 말한다.

저스틴이 사람을 판단하는 기준 중 하나는 시간에 관한 개념이다. 그 사람의 능력치가 아무리 커도 시간 약속을 지키지 못하면 가까이 지내지 않는다. 시간 약속을 중요하게 생각하지 않았던 나에게 저스틴은 진지하게 말했다.

"어떻게 약속시간보다 늦게 나올 수 있지? 나는 시간 약속을 목숨보다 중요하게 생각해. 나는 그렇게 교육을 받아왔어."

시간 약속을 제대로 지키지 못하는 나를 외계인 쳐다보듯이 대했다. 한국에서 데이트할 때 여자가 늦는 것을 애교로 봐주는 그런 것은 일절 없었다.

난 그 이후부터 면접장에 나가는 신입사원처럼 데이트 시간을 준비했다. 1분이라도 늦으면 외계인 취급을 받기 때문이다. 데이트 갈 때 입을 옷을 미리미리 챙겨두었고 약속 장소까지 걸리는 시간을 여유 있게 계산해두었다. 물론 교통 체증까지 대비해서 30분 여유를 두고 일찍 나서는 치밀함까지 필요했다. 난 외계인 취급을 받기 싫었기 때문에 시간 약속을 정말 잘 지켰다. 이 생활 태도는 나의 삶에 전반적으로 큰 도움을 주고 있다. 지금도 이 습관을 잡아준 저스틴에게 깊이 감사한다.

시간 약속을 어기는 것은 있을 수 없는 일이다

내가 시간에 대한 저스틴의 지나칠 정도의 고정관념을 처음부터 이해한 것은 아니다. 중간중간 참 많이 다투었다.

"조금 이해해주면 안 되나? 1분 늦었는데 그렇게까지 해야 해?"

나는 투정을 몇 차례 부렸다. 언제나 모든 면에서 너그러운 그이지만 시간 약속만큼은 철저히 예외였다. 정말 하나도 안 통했다. 1분 늦은 것은 1시간 늦은 것과 다름 없다! 그의 생각이 이토록 까다로웠기에 내가 바뀌었다고 생각한다. 조금의 허용치가 있으면 사람은 느슨해진다. 옳다는 신념이 있다면 그것의 기준이 바뀌어서는 안 된다. 시간이 지나니 '시간 약속을 어기는 것은 있을 수 없는 일'이라는 그의 생각이 맞음을 알게 되었다.

나는 그동안 학원을 운영하면서 많은 선생님들을 만나오고 면접을 하였다. 면접을 할 때 내가 가장 중요하게 생각하는 것은 뭘까? 시간에 대한 약속, 바로 그것을 가장 중요하게 생각한다. 가장 좋은 점수의 선생님은 시간 약속을 지키는 선생님이다. 그리고 그다음이 아이들을 진심으로 사랑하는 선생님이다. 세 번째는 영어학원이기 때문에 영어로 원어민과 의사소통을 할 수 있어야 한다.

이렇게 스펙에 우선하여 내가 보는 것은 그 사람의 시간에 대한 태도이다. 13년을 지나고 나니 이 기준은 다른 것에 우선으로 선생님을 채용할 때 매우 정확하다. 어떤 선생님은 약속시간 10분 전에 차가 막힌다, 갑자기 일이 생겼다 이유를 말하는 경우가 있다. 이럴 때 정말 난감하다. 사람들은 이유를 대면 약속 시간에 늦는 것에 합리적인 면책이 된다고 생각하는 사람들이 있다. 이는 전혀 그렇지 않다. 나의 시간이 소중하면 상대방의 시간도 존중해야 한다.

시간에 대한 지나칠 정도의 생각은 나의 아들도 마찬가지이다. 학교 가기 전, 캠핑 가기 전, 여행 가기 전, 친구와의 약속 전…. 미리미리 계획하고 준비한다. 아마도 태어나면서부터 바라보았던 아빠의 모습을 그대로 당연히 몸에 습득한 듯하다. 미리 준비하고 나간 약속 장소에 친구가 나오지 않았을 때 아들은 매우 당황스러워한다. 나의 아들 쉐인의 담임 선생님과 상담을 하면 이런 말씀을 듣는다.

"쉐인은 규칙을 매우 잘 지켜요! 학습 시간에도 집중해서 잘 듣고 질문을 잘합니다. 그런데 이러한 것들을 아이들이 지키지 않을 때 매우 힘들어합니다."

쉐인은 학기 초에 이렇게 힘들어하다가 규칙을 잘 지키지 않던 학교 아이들이 적응을 해서 규칙을 잘 지키게 되면 쉐인 역시 마음이 편안해진다. 쉐인이 학기 초에 힘들어하는 것은 예외가 많기 때문이다. 예외를 허용하지 않았던 미국과 달라서 많이 혼동스러워했다. 시간이 지남에 따라 아이들이 규칙을 지키고 예외가 없어짐에 따라 쉐인도 학교생활에 잘 적응하였다. 시간 약속을 어기는 일은 있을 수도 없는 일이라는 생각을 모든 사람들이 가졌으면 좋겠다.

나는 유대인 남편으로부터 배워 시간에 대한 태도를 바꾼 후에 많은 것을 얻었다. 먼저 약속 시간보다 여유 있게 도착하니 마음의 여유가 생겼다. 친구를 기다릴 때에도 강연을 기다릴 때에도 책을 읽을 수 있는 자투리 시간이 생겼다. 자투리 시간을 활용한 책 읽기로 나는 한 분야의 전문가가 되었다. 시간은 이렇게 우리에게 많은 것을 변화시킨다.

이제 나도 3분 늦는 사람을 외계인으로 본다

남편 저스틴은 미국인이다. 그는 미국인이고 유대인이다. 고집이 세고 알고 있는 지식이 깊다. 웬만해서는 대화에서 내가 이길 수가 없다. 상황에 따라 변하는 나의 생각과는 차이가 크다. 유대인 가정에서 자란 그는 숫자와 시간에 대한 개념이 특히 강하다.

나는 한국에서 태어나고 자랐다. 숫자와 시간에 대한 기준이 두리뭉실했다. 대충, 대략 말하면 서로 짐작으로 알아듣고 오류가 있어도 넘어간다. 참 많이 다르다. 내가 이러한 대충의 개념에서 정확한 숫자와 시간에 대한 기준이 생긴 것을 감사한다. 나는 이 태도를 바꿈으로써 14년 동안 영어학원의 대표 원장을 성공적으로 하고 있다.

내가 운영하고 있는 영어학원에서 선생님께 항상 강조를 한다. 아이들의 수업시간을 정시로 꼭 지켜달라는 것이다. 간혹 아이들이 빨리 익혀서 일찍 끝났다거나 학원 시계가 맞지 않았다는 변명은 절대 안 된다. 수업시간을 지키기 위해서는 수업에 대한 준비가 정확히 있어야 한다. 밖에서 친구들과 놀지 않고 목표가 있어서 학원에 온 아이들의 시간을 책임져야 한다. 아이들의 시간은 다시 되돌아오지 않는다. 그래서 난 아이들의 시간을 책임지는 내 직업이 무섭다. 무섭고 어깨가 많이 무겁다. 나의 이런 마음을 알게 된 선생님들은 이제 수업시간을 정확히 지킨다. 이렇게 시간을 잘 지켜서 수업을 하다 보니 아이들의 실력이 부쩍 늘어난다. 시간을 잘 지킨다는 것은 사업에 있어서도 우선순위다.

내가 남편을 만나기 전에는 생각이 매우 달랐다. 시간 약속에 약간은 늦어야 바쁜 사람이라는 생각이 들 거라는 어리석은 생각을 가졌다. 데이트할 때에는 약간 늦어야 내가 더 존재감이 생길 거라는 말도 안되는 생각이 있었다. 시간이 지나고 나니 이런 생각을 가졌었다는 것이 많이 부끄럽다. 요즘 젊은 사람들 중에 아직 이런 어리석은 생각을 가진 사람이 있다면 반드시 변화되어야 한다. 시간을 지킴으로써 얻는 많은 이익들을 알게 되면 좋겠다.

시간을 지키는 것의 중요함을 알았다면 시간을 활용하는 것의 중요함도 알아야 한다. 핸드폰을 하면서 보내는 무의미한 시간들을 줄여야 한다. 핸드폰 때문에 독서하는 시간을 갖지 않는 것 같다. 습관처럼 쳐다보는 핸드폰을 잠시 멀리 두고 책을 많이 보았으면 한다. 시간을 가장 효율적으로 사용하는 한 가지는 단연 독서이다. 자투리 시간에 핸드폰을 보지 말고 독서하기를 권한다. 지하철에서 대부분의 사람들은 핸드폰을 쳐다본다. 간혹 그중에 책을 읽는 사람을 발견하면 참 다르게 보인다. 시간을 빛나게 활용하는 사람은 빛나 보인다. 시간을 잘 활용하는 사람은 시간 약속을 어기는 일이 없다. 시간 약속을 지키는 사람은 신뢰를 받을 수 있다.

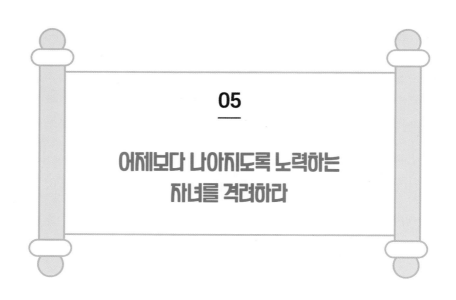

05

어제보다 나아지도록 노력하는 자녀를 격려하라

결과보다는 배우는 과정에 최선을 다하도록!

저스틴과 나는 쉐인에게 칭찬을 많이 해주려고 한다. 이 칭찬을 하는 데 우리가 생각하는 중요한 때는 쉐인이 새로운 것을 시도했을 때와 과정에 최선을 다할 때이다. 그래서인지 쉐인은 새로운 것을 배우는 것을 매우 호기심 있게 대한다. 그리고 배우는 과정에 최선을 다한다. 부모님의 과정 중심 칭찬은 아이에게 결과보다는 과정에 최선을 다하는 자세를 갖게 한다.

과정이 없는 결과는 중요한가? 학원을 하면서 내가 만나온 많은 학부모님들은 과정보다는 결과를 중요시하신다.

"이번 기말에서 꼭 2등급을 받아야 해요!"
"수학 진도를 2학년 선행하기를 원해요!"

모두 아이의 과정을 생각하지 않고 결과만을 우선하는 모습들이다. 잠시의 교사의 시험 대비 기술로 단기간 성적을 높일 수도 있다. 하지만 이것은 아이의 진정한 실력이 아니라고 강조하고 싶다. 짧은 시험 범위를 객관식으로 요령 있게 답을 맞추는 것은 실력이 아니라 기술이다. 아이가 과정에 최선을 다하여 진정한 실력을 갖출 수 있게 긴 호흡을 가지고 부모는 바라보고 격려해주어야 한다.

농담 같은 진담이 있다. 바로 아이들이 시험을 보고 오면 엄마들이 하는 말이다. 아이가 95점을 받아오면 이렇게 말한다.

"고지가 눈앞이야. 긴장 놓치지 마!"

그리고 열심히 노력해서 100점을 받아오면 또 이렇게 말한다.

"이제 시작인 거야. 긴장 놓치면 바로 무너져. 알지?"

우스갯소리로 김창옥 교수님 강연 중에 들은 말이다. 그때는 농담 같아 같이 웃었는데 지나고 나니 그 말은 현실이었다. 한국의 부모님들은 이렇듯 칭찬에 매우 박하다. 그래서 아이들은 칭찬 들을 겨를 없이 계속 노력만 한다. 그런 부모님들을 대신해서 내가 제일 열심히 하는 일은 칭찬이다.

나아지고 있다는 칭찬은 행복을 만든다

나는 학원을 하고 있어서 학원 아이들과 함께 있는 시간이 아이들의 부모님보다 많다. 참으로 무게감 있는 책임을 느낀다. 아이들이 학교를 마치고 학원으로 들어서기 전에 나는 준비를 미리 한다. 칭찬할 아이들을 위해서 책상 서랍에 간식을 미리 넣어둔다. 이윽고 아이들이 들어오고 내가 있는 방에 쳐들어온다.

"신디! 학교에서 오늘 100점 받았어요!"
"신디! 학교에서 시험을 봤는데 아깝게 1개 틀렸어요!"
"신디! 오늘 발표 잘해서 칭찬받았어요!"

모두 눈을 맞추며 이야기를 들어준다. 그리고 잠시 후 한 명씩 살짝 불러서 특별한 간식을 선사한다.

"오늘도 최선을 다한 네가 얼마나 예쁜지 몰라! 정말 최고야!!!"

내가 몰래 주는 특별한 간식을 받은 아이의 입이 활짝 열린다. 그리고 세상 제일 행복한 미소로 교실에 들어간다.

칭찬은 고래도 춤추게 한다는 말이 있다. 아이들에게 칭찬하는 일이 주 업무인 나도 칭찬을 받으면 기분이 참 좋다. 현재 나는 주위에서 칭찬을 받아 작가가 되어 글을 쓰고 있다. 학원이라는 교육 사업은 세세한 업무가 많다. 사업 초기에는 눈뜬 아침부터 수업이 종료될 때까지 긴장을 놓지 않았다. 그때에는 어깨에 긴장이 잔뜩 들어가서 칭찬도 많이 하지 못했다. 지금의 나는 학원 사업에 크게 긴장하지 않는다. 13년이 넘어가니 아이들과 학부모님과 내가 한마음이 된다.

작은 성공들을 크게 봐줘라

지금 나는 영어학원을 운영하고 책을 쓰는 작가이며 작은 체구에도 철인 3종에 도전하는 사람이 되었다. 이렇게 된 데에는 남편 저스틴의 칭찬과 격려가 큰 힘이 되었다. 나의 실수를 단 한 번도 면박을 주지 않았다. 아주 작은 실수도 크게 확대하여 기를 죽이는 일이 한 번도 없었다. 항상 작은 성공에 크게 기뻐하며 대단하다고 칭찬해주었다. 그래서 나는 큰 성공을 결국에 이뤄낼 수 있었다.

아이들이 큰 꿈을 실현하기 위해서는 우선 작은 성공들이 이뤄져야 한다. 작은 성공들이 꾸준히 이어지게 하기 위해서는 그에 따른 격려가 필요하다. 그러면 그 격려로 인해 힘과 용기를 얻고 다음에 작은 성공을 해낼 수 있다. 이 작은 성공들이 모여 큰 성공이 만들어질 수 있다. 아이가 시험을 보고 오면 엄마의 기준으로 결과를 평가하지 않아야 한다. 최선을 다한 모습에 칭찬해주어야 한다.

나는 내 아이뿐만 아니라 학원의 학생들도 우선 칭찬할 거리를 열심히 찾는다. 칭찬을 받기 위해 다음에는 더욱 노력하는 모습을 볼 수 있다. 그 노력하는 모습이 기특하고 예쁘다. 우리는 모두 어제보다 나은 하루를 만들어 낼 수 있다.

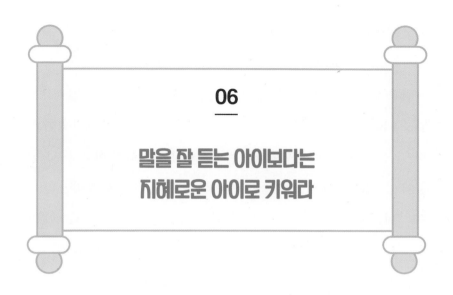

06

말을 잘 듣는 아이보다는
지혜로운 아이로 키워라

아이의 생각을 듣는 시간이 스스로 생각하는 아이를 만든다

저스틴이 중요하게 생각하는 것은 스스로 생각하고 의견을 말하는 태도이다. 아빠의 일방적인 지시보다는 아이의 생각을 듣는 시간을 매우 중요하게 생각한다. 아이가 부모의 말을 무작정 잘 따르는 것은 결코 좋은 일이라고만 볼 수 없다. 부모의 말을 듣고 질문도 하는 아이로 키워야 한다. 의문이 생기면 서슴없이 질문하고 생각하는 힘이 있는 아이가 지혜로운 아이이다.

상처받는 착한 아이보다 지혜로운 아이로 키워라

'착한 아이 콤플렉스'라는 말을 들어본 적이 있을 것이다. 영어로는 'Good Boy Syndrome'라고 표현한다. 이는 남의 말을 잘 들으면 착한 사람이라는 생각이 강박관념이 되어버리는 증상이다. 특히 한국의 부모님들이 아이들에게 요구를 많이 한다는 생각이 든다. "어리광 부리면 안 된다." "너는 형이니까 동생에게 양보해야지." "부모님 말씀을 잘 들어야 한다." 등 이러한 교육을 받고 자랐을 경우 착한 아이 콤플렉스로 내 아이가 힘들어할 수 있다.

자신의 감정을 솔직하게 표현할 줄 알아야 한다. 자신의 감정을 숨기고 타인이 안 좋게 생각할 것을 염려해서 일단 따르다 보면 마음이 힘들어진다. 남들의 의견을 따르는 게 습관이 되다 보면 자신을 스스로 발전시킬 시간이 부족하거나 없어진다. 이것이 자신을 공격하는 악순환으로 이어지고 강박관념 때문에 다른 사람이 시키는 범죄 행위까지 쉽게 따른다는 대중심리학적인 보고가 있다.

그래서 나는 착한 아이보다는 지혜로운 아이로 키우기를 강하게 권하고 싶다. 내 아이를 키울 때와 같이 나는 학원의 아이들에게도 항상 의견을 물어본다. 나의 일은 부모님을 대신하여 아이들에게 영어, 수학, 독서를 지도하는 것이다. 학교 교과목으로서가 아닌 아이들이 미래에 행복하길 원하며 가르치고 있다. 그래서 수업 전과 후에 아이들을 불러 자주 아이들의 의견을 듣는다. 대부분 나와 오랜 시간 함께한 아이들은 자신의 의견을 잘 어필한다. 그러면 나는 큰 반응을 보이며 의견을 말한 것에 깊이 감사하며 수긍해준다. 가끔 억지를 부리거나 앞뒤가 안 맞는 경우는 시간을 주어 정리해서 말하도록 권유한다.

자신의 생각을 말하는 것 또한 연습이 필요하다. 타인의 생각과 같지 않을 경우 무조건 싸우는 것이 아닌 협상할 줄도 알아야 한다. 이러한 사회적인 요소들을 부모님과 선생님이 옳은 방법으로 이끌어주어야 한다. 그래야 아이들이 상처를 받지 않고 착한 아이 콤플렉스로 주눅 들지 않는다.

앞을 보고 당당하게 걷는 아이로 키워라

나는 모든 아이들이 밝고 힘차게 자라기를 바란다. 수많은 시행착오를 겪을 어른이 되기 전 세상의 긍정적인 것들을 마음껏 누렸으면 좋겠다.

나는 길을 걷다가도 유달리 아이들을 눈여겨보게 된다. 친구들과 어울려 깔깔거리며 걷는 아이들이 대부분 많다. 그런데 가끔 땅만 보고 걷는 아이들이 있다. 저렇게 걷다가 자전거나 다른 사람과 부딪히지 않을까 염려가 되기도 한다. 땅만 보고 걷는 아이는 매우 힘이 없어 보인다. 다가가서 묻고 싶지만 모르는 아이에게 그럴 수도 없다. 혹시 내 아이가 길을 걸을 때 어떻게 걷는지 아는가? 부모라면 내 아이가 땅 보고 걷는 아이가 아닌 당당하게 앞을 보고 힘차게 걷는 아이로 자라길 원할 것이다.

착한 아이 콤플렉스는 정신분석학에서는 어린 시절 양육자로부터 버림받을까 두려워하는 마음의 방어기제의 일환이라고 한다. 그렇다면 양육자인 우리가 해야 할 일이 있다. 그 두려움을 없애주는 것이다.

"너 엄마 말 안 들으면, 알지?"

이렇게 겁을 주지 말자. 아이와 충분하게 정서적 교감을 나누도록 하자. 부모의 말을 듣지 않으면 부모가 자신을 사랑하지 않을지도 모른다는 마음은 아이를 매우 불안하게 만든다. 그래서 자신의 의견을 말하지 않고 무조건 순종하는 자세를 갖게 된다. 부모의 눈치를 보던 아이는 그 태도가 이어질 수 있다. 학교를 다니면 선생님과 친구들의 눈치를 보게 된다. 자신의 욕구를 배제하고 타인의 생각대로 따르다 보면 우울증이 생길 수 있다.

그러한 아이들이 길을 걸을 때 힘없이 걷는다. 우리는 이러한 아이들을 적극적으로 도와주어야 한다. 그들의 상처받은 마음이 자존감으로 바뀔 수 있게 도와주어야 한다. 자존감은 자신을 존중하고 사랑하는 마음이다. 스스로가 가치 있는 존재임을 인식하고 자신의 능력을 믿는 태도이다. 자신의 노력에 따라 크게 성취할 수 있다고 믿는다. 때문에 자존감이 높은 아이들은 자신감 있어 보인다. 발걸음도 힘차고 당당하다.

우리는 아이들을 착한 아이 콤플렉스가 아닌 자존감이 높은 아이로 성장시켜야 한다. 이 모든 게 부모의 책임이 크다. 부모의 말 한마디 한마디가 아이의 태도를 좌우한다.

지혜로운 아이가 행복하고, 주변도 행복하게 만든다

나는 착한 아이보다는 지혜로운 아이로 키워야 한다고 생각한다. 착한 아이로 성장하는 아이들은 본인 자신의 마음은 아플 수 있다. 지혜로운 아이로 성장하는 아이들은 자신이 행복하다. 자신이 행복하기 때문에 주변의 모든 환경도 좋게 이끌어갈 줄 안다. 지혜로운 아이들은 모든 상황들을 빨리 깨닫는다. 쉽게 말하면 눈치가 빠르다. 좋은 상황이든 나쁜 상황이든 항상 올바르게 풀어나간다. 그것이 지혜로운 아이들의 특징이다. 물어보면 대답을 선뜻 못 하는 아이들이 있다. 본인의 판단을 신뢰하지 못하고 대답을 흐린다. 하지만 지혜로운 아이들은 언제나 자신 있게 대답한다. 만약 자신의 대답이 그른 경우에도 새롭게 빨리 익혀 나간다.

지혜로운 아이로 성장할 수 있는 방법은 두 가지이다.

첫째, 자존감이 높은 아이로 성장시켜야 한다. 자존감이 높은 아이로 성장시키기 위해서는 아이의 의견을 자주 경청해야 한다. 그리고 그 의견을 존중해주어야 한다.

둘째, 다양한 지식과 경험을 쌓도록 도와주어야 한다. 문제가 있을 때 바르게 풀어나가기 위해서는 이것들이 필요하기 때문이다. 다양한 지식과 경험을 쌓는 최적의 방법은 독서이다. 독서를 즐겁고 꾸준하게 할 수 있는 배경을 만들어주자. 그리고 다양한 지식과 경험을 쌓는 또다른 방법은 즐거운 학교생활이다. 학교생활에서 아이들은 기본적인 소양과 지식을 익히게 된다. 이러한 학교를 즐겁게 느낄 수 있도록 해야 한다.

지금 부모가 된 대부분의 사람들은 어릴 적 '착한 아이'가 되라는 교육을 많이 받아왔다. 부모에게 순종해야 하고 자신의 의견을 내세우면 안 되었다. 자신의 의견을 내세우면 말대꾸를 한다고 꾸지람을 들었다. 그래서 '착한 아이 콤플렉스'를 가지고 성장했을 경우가 많다. 많이 주눅 들고 눈치 보고 힘들었을 것이다. 내 의견을 말하는 게 항상 힘들고 자신이 없었을 것이다. 그렇기에 지금 부모가 된 우리는 아이에게 순종적인 아이로 자라기를 강요하지 말자. 땅을 바라보며 힘없이 걷는 아이가 아니라 앞을 보고 힘차게 걷는 아이로 성장시키자. '지혜로운 아이'로 자라서 이 세상을 리드할 당당한 인재로 키우도록 하자.

철두철미한 경제관념도 지혜다

나의 시부모님은 유대인 부유층이다. 다시 말해 부자다. 미국 플로리다에서 사시는 부모님은 크루즈 여행을 포함한 인생을 즐기는 활동을 많이 하신다. 결혼 전 이러한 모습들을 보고 내심 기대를 한 것도 사실이다.

'결혼을 하게 되면 한국의 결혼 문화처럼 아들에게 집을 마련해주실까? 한국에서 교육 사업을 하면 많이 도와주실까?'

은근한 기대를 했지만 나는 금세 포기하게 되었다. 그분들은 한국과 달리 결혼을 해도 아들에게 집을 마련해주시지 않았다. 대신에 저스틴이 유대인 성인식을 해서 있던 돈과 그 스스로 모았던 돈으로 월세의 집을 마련하게 되었다. 또한 아들과 며느리가 야심차게 교육 사업을 한다고 해도 돈으로 직접 도와주시지 않았다. 며느리인 나는 내심 서운했지만 아들인 그는 당연하다고 생각했다. 유대인인 나의 남편은 성인으로서 사는 동안 부모에게 경제적인 도움을 기대하지 않는다. 나는 학원을 오픈하고 초기에 살짝 물어본 적이 있다.

"저스틴, 너의 부모님께서 우리를 좀 도와주시면 안 될까? 학원에 집기들을 더 구비하고 싶어!"

그의 대답은 매우 간단했다.

"그럼, 계획을 상세히 적어서 부모님께서 투자하실 생각이 있게 브리핑해봐!"
"뭐라고?"

이제 학원을 오픈한 내가 확실한 근거 자료를 대며 투자 의향서를 제출하라는 것은 쉽지 않았다. 이제 와서 생각하니 '그때 해볼 걸.' 하는 후회가 들기도 한다. 한국의 부모님들은 경제적 여유가 있다면 자식을 도와주신다. 세부적인 사항은 듣지 않고 선뜻 큰돈을 내어주신다. 나는 한국의 부모님과 다른 유대인 시부모님이 처음엔 이해하기 어려웠다.

이제는 우리 부부가 학원을 오픈한 지도 13년이란 시간이 지났다. 사업자본금이 여유롭지 않아 그동안 힘든 적도 많았다. 만약 그때마다 선뜻 시부모님이 도와주셨다면 나는 지금의 이 자리까지 못 왔을 거라 확신한다. 시련이 있을 때 스스로 극복하려는 힘이 생기지 않았을 것이다. 힘들 때마다 부자인 시부모님을 의지했다면 나는 경영자로서의 자질이 생기지 않았을 거라 확신한다. 유대인 시부모님은 며느리인 나에게도 유대인 교육법을 뜻깊게 알려주신 셈이다.

나는 경제적으로 여유로웠던 남편과 달리 그리 부유하게 자라지는 못했다. 하지만 부모님은 내가 학업에 전념하도록 도와주셨다. 학교를 다니면서 단 한 번의 아르바이트도 한 적이 없었다.

그런데 부유하게 자란 남편은 자라면서 많은 아르바이트를 했다고 한다. 이렇게 부모님께서 직접 돈을 벌도록 가르쳐주셨다니 너무 놀라웠다. 왜 부자인 부모가 자식에게 돈 버는 방법을 어릴 때부터 가르쳐주었을까? 매우 의아했다.

그가 돈을 벌었던 방법은 여러 가지였다. 옆집 부부가 외출하였을 때 아이를 돌봐주는 일, 콘서트에서 물건을 파는 일, 또 부모님이 하시는 유대인 식당에서 서빙을 하는 일, 아이들에게 과외를 하는 일…. 학교 다닐 때 공부만 했던 나와는 큰 차이가 있었다.

그래서일까? 나는 돈에 관한 개념이 무척 약했다. 들어오는 돈과 나가는 돈을 파악하고 관리하는 데 계획성이 부족했다. 남편은 모든 것이 계획적이고 치밀했다. 대충 계획 없이 지출하는 나에게 가계부를 다시 쓰도록 지시했다. 그 당시 나는 '남자가 쩨쩨하고 치사하다!'라고 생각하는 다소 부족한 경제관념을 갖고 있었다.

지금 와서 생각해보니 남편에게 배운 가계부 작성은 나에게 너무나 큰 도움이 되었다. 전에는 신용카드를 써서 감당하기 힘든 물건도 할부로 구입했었다. 이제는 수입과 지출을 비교하면서 신용카드와 별개로 계획한다. 사업이 어려워도 도와주실 부모님이 없다는 생각에 정말 열심히 학원에 몰두했다. 그래서 지금의 〈신디샘어학원〉을 탄탄하게 성장시킬 수 있었다. 유대인 시부모님과 유대인 남편에게 감사한다.

유대인의 지혜는 아이를 세계적인 부호로 만든다

유대인은 돈에 대한 경제적인 교육을 어릴 때부터 한다. 10살 된 나의 아들은 돌잔치 때 받은 주식계좌가 있다. 미국의 친지들은 선물을 이런 방법으로 하셨다. 또한 성장하면서 유대인은 13살 때 성인식을 한다. 이

때에도 친지들은 돈으로 나의 아들에게 선물을 하실 것이다.

나의 아들 쉐인은 10살이지만 사업에 관한 꿈이 있다. 〈트럼프타워〉처럼 〈오셔타워〉라는 멋진 건물을 갖겠다는 꿈이다. 이러한 꿈이 있는 아들은 용돈을 꾸준하게 모은다. 용돈을 늘리기 위해 전략도 짠다. 집안일 도와주기, 시험 잘 보기, 생일파티 열기, 필요없는 물건 팔기…. 10살 아들의 경제관념은 유대인인 할머니, 할아버지, 아버지를 통해 탄탄하게 생기는 중이다.

부모가 부자라고 해서 자랄 때 부족함 없이 자라는 것보다 배우고 성장하게 만드는 것이 유대인의 경제 교육법이다. 돈을 벌면 무조건 아끼는 것이 아니라 투자와 소비를 하는 방법을 알려 준다. 결혼을 한 후 옆에서 바라보며 익힌 그러한 그들의 지혜로운 방법은 나에게는 큰 깨달음이 되었다. 어릴 적부터 돈의 흐름을 자연스럽게 익히게 해주는 유대인의 교육법은 왜 세계적인 부호들의 대부분이 유대인인지 알게 해주었다. 유대인의 교육은 아는 데에서 그치는 것이 아니었다. 부모가 자식에게 직접 보여주고 실천할 수 있도록 만들어주는 것, 그것이 바로 지혜로운 유대인의 교육법이다.

■ 신디샘의 생각 7 :
아이가 최상의 컨디션으로
학교를 즐겁게 다닐 수 있도록 돕자

학교는 억지로 가야 하는 교육기관이 아니다. 성장하면서 필요한 것들을 익히고 또래 친구들을 사귈 수 있는 곳이다. 따라서 최고의 컨디션을 유지하고 학교를 다닐 수 있도록 도와주어야 한다.

전날에 잠을 충분히 자야 하고 아침에는 식사를 꼭 하게 해야 한다. 핸드폰을 하다가 늦잠을 자게 간과해서는 안 된다. 핸드폰은 침실에 두지 않도록 규칙을 만들 필요가 있다. 성장기 아이에게 숙면은 매우 중요하다. 핸드폰은 숙면을 방해하는 나쁜 요소이다. 우리는 부모이므로 아이의 성장을 방해하는 것은 빠르게 차단해주어야 한다.

충분한 휴식과 균형 잡힌 식단은 아이의 상태를 최적으로 만들어준다. 그 상태로 학교에 가야 온전하게 수업을 받고 즐겁게 친구들을 사귈 수 있다. 충분한 휴식과 균형 잡힌 식단은 부모가 아이에게 해주어야 할 의무이다.

지혜로운 아이들이
이 땅에서 행복하기를 바라며!

    유대인 미국인 남편과 이국적인 외모의 아들을 둔 나는 많은 사람들의 부러움을 받아왔다. 교육학 석사 출신의 미국인, 거기에 유대인이라는 타이틀은 한국의 사교육 시장에서 큰 장점이 되었다. 이를 바탕으로 13년 동안 학원을 현재까지 하고 있다. 내가 살고 있는 김포 이외에도 일산, 부천, 파주, 발산, 목동 등 많은 인근의 학부모님의 문의가 이어지고 있다. 이는 단지 영어를 배운다는 것 외에도 가까운 유대인을 보고자 하는 관심도 함께라고 생각한다.

    한국 부모님들의 교육열은 매우 높다. 그런 만큼 한국의 아이들은 좋은 환경에서 다양한 교육을 접하고 있다. 하지만 그것에 비례하여 아이들이 행복을 갖고 있지는 않은 듯하다. 나는 끊임없이 아이들을 위해 노력하시는 부모님들을 깊이 존경한다. 그 부모님들의 노력이 아이들의 행복과 이어지는 것이기를 바란다. 그 마음으로 이 책을 썼다.

유대인은 다른 생각을 매우 존중한다. 타인과 다른 의견을 내고 그에 대한 토론을 하는 것이 일반적인 그들의 모습이다. 한국은 어떠한가? 군중과 다른 의견을 내는 것을 두려워한다. 간혹 다른 의견을 내는 사람을 배타적인 시선으로 바라본다. 이와 달리 교육 현장에서는 창의력과 사고력 중심의 수업으로 많이 변화되었다. 현재까지는 교육 현장과 실생활의 차이가 다소 있는 듯하다. 나는 이 차이를 줄이고 싶었다. 아이들이 학교에서 배운 것들이 실생활에 녹아서 혼돈을 주지 않기를 바란다. 지금의 아이들이 남과 다른 의견을 존중해주고 나의 생각을 자신 있게 표현하는 어른으로 성장하였으면 한다.

나는 사람들이 책에서만 볼 수 있는 유대인이 아닌 실제 이 땅에 살고 있는 옆집 가정의 유대인 이야기를 담았다. 우리 가정의 유대인 교육 방식이 한국 가정에서도 쉽게 활용될 수 있을 것이라 생각한다. 사례는 여러 가지이지만 결론은 단순하고 명확하다. 책을 읽는 아이, 언어에 강한 아이로 키우면 모든 것이 가능해진다. 유대인과 한국인의 지혜로움이 함께하여 이 땅의 아이들이 행복하게 자라기를 바란다. 그 마음을 책 쓰는 내내 잃지 않으려고 노력하였다.

이 책을 쓸 수 있게 도와주신 미국에 계신 유대인 가족들에게 감사함을 전한다. 특히 가정의 화목과 사랑이 우선임을 알게 해주신 유대인 조부모님 Phillip Roston, Floralee Roston 지금은 하늘나라에 계시지만 항상 가까이서 이끌어주심을 감사드린다. 부모가 되니 부모님의 사랑을 더욱 깊이 이해하게 되었다. 어렸을 적부터 책을 가까이 하고 긍정적인 사람으로 키워주신 부모님께 감사드린다.

이 책을 쓰도록 사랑과 용기를 준 나의 남편, 저스틴에게 사랑과 존경을 보낸다.